U0250804

植物名釋札記

夏緯瑛 著

夏經林 增編

中華書局

圖書在版編目(CIP)數據

植物名釋札記/夏緯瑛著;夏經林增編. —北京:中華書局,
2022.8(2024.4 重印)
ISBN 978-7-101-15811-3

Ⅰ.植… Ⅱ.①夏…②夏… Ⅲ.植物-名字-研究
Ⅳ.Q94-61

中國版本圖書館 CIP 數據核字(2022)第 113939 號

書　　名	植物名釋札記	
著　　者	夏緯瑛	
增　　編	夏經林	
責任編輯	汪　煜　劉　明	
責任印製	管　斌	
出版發行	中華書局	
	(北京市豐臺區太平橋西里 38 號　100073)	
	http://www.zhbc.com.cn	
	E-mail:zhbc@zhbc.com.cn	
印　　刷	三河市宏達印刷有限公司	
版　　次	2022 年 8 月第 1 版	
	2024 年 4 月第 3 次印刷	
規　　格	開本/850×1168 毫米　1/32	
	印張 12⅞　插頁 6　字數 217 千字	
印　　數	3001-5000 冊	
國際書號	ISBN 978-7-101-15811-3	
定　　價	58.00 元	

夏纬瑛先生

1936年夏緯瑛先生去武功縣進行植物調查（攝于火車上）

夏纬瑛先生晚年工作照

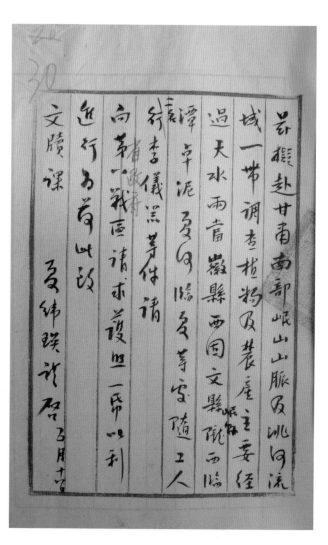

茲擬赴甘肅南部岷山山脈及洮白流
域一帶調查植物及農產之主要經
過天水兩當巖縣西固文縣隴西臨
潭宇泥岷各臨等安隨工人
兹李儀黑芽往請
向輔改裝置請求護照一份以利
進行為荷此致
文牘課

夏緯瑛謹啟 五月十古

1938年夏緯瑛先生植物調查申請底稿

《植物名義》初稿

木賊

本草綱目卷十五、木賊條、釋名下、李时珍曰：「此草

有節、高糙澀、治木骨者用之、磋擦則光淨、摘云木之賊

也。按李說是也。木賊之名、見於嘉祐本草、知宋时已

用之以治木無美。今以矽紙代之。瓶草用。

李禹錫曰：「木賊出秦隴華戎諸郡近水地、苗長尺許

叢生、每根一株、無花葉、寸寸青節、色青、凌冬不凋。」李时

珍曰：「叢書直上、長者二三尺、狀似貝花苗及釋心草、而中

空青節、文似麻黃而稍粗、無枝葉。」今採秦隴中見之、

與上說之形狀相合、即是 Equisetum hiemale 又、葉採供藥用

木賊

《植物名義》初稿

夏緯瑛先生部分手稿

遁名而替實按實而定名
名實相生反相為情

錄管子書中語 一九三五年十月 緯瑛題識

夏緯瑛先生手迹

重版説明

　　《植物名釋札記》一書1990年曾由農業出版社出版。自出版之後，長期受到讀者關注。本次重版，做了以下幾方面工作：（一）依據作者遺稿，增加前版未收的"莙蓬"一條札記。（二）依據札記所涉本草古籍補加了圖片。這些圖片選自《重修經史證類本草》、朱橚《救荒本草》、王磐《野菜譜》、吳其濬《植物名實圖考》等書。（三）本書各條札記解釋的植物名稱常常不止一個。本次重新梳理，提取札記中解釋的所有植物名稱，以括注形式標於各條札記標題之後。（四）編製植物中文名索引、植物學名（拉丁名）索引，以便檢索。（五）本書部分植物中文名、拉丁學名與當下通行者有所不同，因此編製"植物名稱對照表"附於書後，讀者可以參閱。

　　本書的重版工作，得到夏緯瑛先生之孫夏經林先生的大力支持。夏經林先生根據夏緯瑛先生的手稿，審閱了全書，歸納夏緯瑛先生考釋出的植物中文名稱命名方式，製作了"本書植物中文名取義歸類表"，豐富了本版的内容。

　　限於水平，本書編輯恐仍有未盡之處，敬祈讀者批評指正。

　　　　　　　　　　　　中華書局編輯部
　　　　　　　　　　　　二〇二二年七月

序

　　這個書稿是專門討論植物名稱的。但它只涉及有關我國固有的植物名稱，一般不論及其他諸如拉丁學名等問題。下面我想簡單地談一下這部書稿的由來，順便提一點希望，作爲本書的開篇。

　　一九一六年，我到北京農林專科學校（今北京農業大學的前身）＊生物系工作，從此與植物結下了不解之緣。之後，我相繼在北平研究院植物研究所、中國科學院植物研究所從事植物分類工作，其間還曾在河南大學理學院、西北農學院兼課講授植物分類、樹木學、藥用植物等課程。一九六〇年到中國科學院自然科學史研究所，進行農學史、生物學史的研究，也未離開過植物，算起來已經七十年了。從二十年代起，我曾在全國許多地方進行過植物調查工作。在長期的調查中，我感到我國有很多植物的固有名稱情況比較複雜，使我常常産生一些疑問。例如某種植物爲什麽被稱這個名稱而不叫那個名稱；爲什麽有的植物有幾個甚至十幾個名稱，這些

＊此係夏先生追憶之詞，按學校當時名稱實爲"國立北京農業專門學校"。——編者注。

不同的名稱又有着什麼關聯；爲什麼不僅有同物異名而且有同名異物的情況等。在思索這些問題的過程中，我逐漸地萌發了整理和解釋我國固有的植物名稱的想法，並且開始留心搜集這些問題的有關資料。我發現我國歷史悠久、地域遼闊，有的植物因其產地來源不一而其名稱也不盡相同；有的植物名稱與該種植物在農業、醫藥等方面的使用狀況有關；有的植物名稱十分古老，有的名稱隨着時地變遷而發生演變，再加之若干方言俗語，名目繁多。對於這些名稱的解釋，不僅需要植物學、農學、醫藥學等方面的知識，而且還涉及到文字、音韻、方言、古文獻等諸多方面的知識。在我對某一個植物名稱的解釋考慮得較爲成熟後，即將其筆錄下來，這樣日積月累，至"文革"前夕，已寫了三百餘種植物名稱的解釋，這就是這本書稿的原貌。"十年動亂"抄家時，這個書稿幾乎散失，幸得我所同事撿回，才得以保存下來。一九六九年我被迫遷往青海。一九七二年返京時，已因目疾而失去視力。原曾打算寫完五百個植物名稱的解釋的計劃，已無法付諸實行。此書稿幸蒙研究所領導關心，派我孫兒夏經林抽出一些時間代爲整理，惠蒙農業出版社允以出版。我對保存、協助整理書稿及幫助促成出版的同志十分感激，在此謹向他們表示謝意。

　　我做的工作還遠遠不夠，很希望有人繼續做下去，因爲這是一項很有意義的工作。一個植物名稱本身，就反映着在那個歷史時期我們先人對這種植物的認識程度。搞清這些植物名稱，不僅對於生物學史、農學史、藥物學史的研究會有很大幫助，而且對於從事植物學、農學、園藝學及中醫藥學工作的同志也是有所裨益的。此外，這項工作還可以促進植物知識的普及，使廣大讀者瞭解我國植物通俗名稱的來龍去脈。

　　最後再說幾句話，供有志於此項工作的同志參考。我國植物資源豐富，而且我們所做的植物調查工作還很不夠，要大力加強這方面的工作。在調查中應首先側重於經濟植物，因爲它們與農林、醫藥等方面的生產有直接關係；應注意植物生態，即植物與其環境的關係；應特別注重植物的地方名稱的調查，這是十分重要的。

　　　　　　　　　　　　一九八六年元月
　　　　　　　夏緯瑛於北京北海之北，時年九十

目　录

植物名釋札記卷下

植物名釋札記卷上

1. 楓

楓,即今金縷梅科植物之楓香樹(*Liquidambar formosana* Hance)。或有對於楓樹的認識不足,而以槭屬(*Acer* L.)之樹木爲楓者,在舊詩詞中亦屢見之,但不可以此混淆真楓。楓香,是楓樹的樹脂,有香氣,供藥用,於本草書中載之,其名見於《唐本草》。

《證類本草・木部上品》載有《唐本草》之"楓香脂"。《唐本草注》云:"樹高大,葉三角,商、洛之間多有,五月斫樹爲坎,十一月採脂。"又載有《蜀本草圖經》云:"樹高大,木肌理硬,葉三角而香。"以上兩家描述,正是今日金縷梅科之楓,而都非槭屬之植物。

楓

《爾雅・釋木》:"楓,欇欇。"郭璞《注》曰:"楓樹似白楊,葉員(圓)而岐,有脂而香,今之楓香是。"所注亦與本草相合。

《説文》:"楓,木也。厚葉弱枝,善摇。"此已爲"楓"之名稱作了解釋。所謂"善摇"者,言其樹之葉因風而善摇動,故以"楓"名之耳。蘇頌《圖經本草》曰:"《爾雅》謂'楓'爲'欇欇',言天風則鳴鳴欇欇也。"此又以《爾雅》之文,而解釋"楓"之爲名是取義於其植物之葉易於感受天風的。以上對於楓樹名稱的解釋,似亦有理,然其説不免有望文生義之嫌,而且失於廣泛。樹葉之感風而摇動者甚多,不足以表示楓之特點。

植物名稱,往往表示其植物之特點,而且常用同音假借之字,望文生義解説,恐其不切實際。今疑風即峰之假借字,因其爲木而作"楓"。楓之葉有岐,作三角,猶如山之有三峰,故名"楓樹"。如此解釋,似較切實,亦供一説,以備參考耳。

2. 竊衣

繖形科植物竊衣〔*Torilis japonica* (Houtt.) DC. 〕之果實上有刺毛,成熟後附著人衣或獸體之毛上。"竊衣"之名,當即因其果實附著人衣而生。

"竊衣"之名甚古,見於《爾雅》。《爾雅·釋草》:"蘮蒘,竊衣。"《齊民要術》引孫炎《注》云:"似芹,……實如麥,兩兩相合,有毛,著人衣,故曰竊衣。"已釋"竊衣"之名,當是以"竊"爲附著之義,而未明言。

《廣雅·釋詁》曰:"竊,著也。"釋此"竊"字爲附著之義。

　案:"竊"之訓著,借字也。《廣雅·釋詁》又云:"親、傶、傍、附、切……,近也。"親、傶(通作戚)、切皆音近之字,與傍、附同義。蓋"竊"即"親"、"傶"、"切"等之借字耳。故"竊"有親近、附著之義。

3. 厚朴(厚皮)

　厚朴(*Magnlia officinalis* Rehd. et Wils.),是一種藥用植物。藥用者,恐不限於此種。本草書中所載之產地,有南北大不同者,其非一種可知;大概都是某種木蘭屬(*Magnolia* L.)植物之樹皮。醫藥上以其皮厚者爲佳。

厚
朴

　《名醫別錄》云:厚朴,"一名厚皮"。《廣雅·釋木》云:"重皮,厚朴也。"案:重亦有厚義。據此別名,已可見"厚朴"之"朴",當與"皮"同義。

　《説文》:"朴,木皮也。"顔師古《急就篇注》曰:"厚朴,一名厚皮,一名赤朴。凡木皮皆謂之朴。此樹皮厚,故以厚朴爲名。"這是對於"厚朴"名稱的較早解釋,其説爲是。所釋亦與藥用部分相切合。

4. 五味子

《證類本草·草部上品之下·五味子》引陶隱居（弘景）《注》云："今第一出高麗，多肉而酸甜；次出青州、冀州，味過酸；其核並似豬腎。又有建平者，少肉，核形不相似，味苦，亦良。"可見古來藥用之五味子，并非一種，據陶氏所述核之形狀，且有二類大不相同者。又據《證類本草》所轉載蘇頌《圖經本草》五味子之藥圖，有越州、秦州、虢州者三種。是藥用之五味子，古來即不一致矣。今知者有南五味子（*Kadsura longepedunculata* Finet et Gagnep.）及北五味子（*Schisandra chinensis* Baill.），不盡藥用之種類。

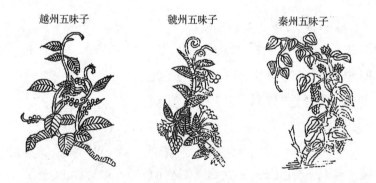

越州五味子　　虢州五味子　　秦州五味子

《證類本草》又引《唐本草注》云："五味皮肉甘、酸，核中辛、苦，都有鹹味，此則五味具也。"爲五味子名稱作出解釋。

5. 地黄

今藥用之地黄，蓋由野地黄（*Rehmannia glutinosa Libosch*）栽培而成。《本草》舊言地黄"生咸陽川澤"，似猶爲野生之種。其後即漸有栽培者矣。蘇頌《圖經本草》中且詳記其栽培方法。

地黄（一）

地黄（二）

栽培地黄，不僅用作藥物，亦用爲染料。《齊民要術·伐木第五十五》附有《種地黄法》，有云："訖至八月盡、九月初，根成，中染"，是也。

地黄之根有黄色，當是用以染黄。因其染黄，故名曰"黄"。今陝西沙苑之地，有種地黄者，即單呼地黄爲"黄"也。"地"與"天"在植物名稱上，常用爲野生之義。"地"者，野地之謂。"天"者，謂其天然自生。"地黄"之義，當謂其爲野地所生之黄色染料。或者，植物凡具膨大之根部而生於地中者，亦常以"地"爲名。若以"地黄"之名，指其他根物之黄色染料，亦通。

《證類本草・草部上品之上・乾地黃》引日華子云:"生者,水浸驗:浮者名天黃,半浮半沉者名人黃,沉者名地黃。沉者力佳,半沉者次,浮者劣。"案:此種驗地黃佳劣之法,亦頗可用。但以浮沉、或浮沉之半者分作"天"、"地"、"人"之説,而以地黃之名稱由此而來,則是臆想。因"地黃"之名,而又隨意生出"天黃"、"人黃"之言耳,不足爲據。

6. 大黃

大黃,藥用者不只一種,要爲大黃屬(*Rheum* L.)植物之根。

大黃

大黃之根肉黃色,供藥用外又供染料。今盛産大黃之甘肅南部,即用大黃染黃色布匹。

大黃取名之義,當是因其能染黃色之故,猶如地黃之能染黃色而名之曰"黃"也(參看"地黃"條)。

名"大黃"者,蓋植物中能染黃色者不一,加"大"字以與它種區別耳。

7. 四照花

四照花〔*Dendrobenthamia japonica* (DC.) Fang var.

chinensis（Osborn）Fang〕，有四片白色之總苞，若有四片花瓣之狀，取名"四照"，自是緣此之故。然"四照"一語，則出自《山海經》。

《山海經·南山經》曰：招搖之山"有木焉，其狀如穀而黑理，其華四照"。郭璞《注》曰："言有光焰也。"又《贊》曰："爰有嘉樹，産自招搖，厥華流光，上映垂霄。""四照"之義，謂花之光明四射耳。後人借取"四照"成語，以爲具有四片白色總苞之一植物之名。

8. 狼毒

狼毒（*Stellera chamaejasme* L.），乃藥用植物。自古藥用者，恐非一種，要爲狼毒屬（*Stellera* L.）植物之根部。

或謂"狼毒"取名之故，因其有能殺狼，若魚毒之可以殺魚也。此説，似是而非。

狼毒

清初，吳任臣所輯之《山海經逸文》（載於吳氏之《山海經廣注》中），載有韓鄂《歲華紀麗》引《山海經》曰："狼山多毒草，盛夏，鳥過之不能去。""狼毒"之義，蓋謂狼山之毒草耳。

《證類本草·草部下品之下·狼毒》載《神農本草》云："狼

毒……殺飛鳥走獸"，似爲言其可以毒狼。然此實亦出
自《山海經》。《山海經》有"狼山多毒草，盛夏，鳥過之
不能去"之語，此則演繹爲"殺飛鳥走獸"矣。

9. 麻黄

藥物麻黄，今多用華麻黄（*Ephedra sinica* Stapf）
之莖。

《本草綱目》記麻黄有"龍沙"、"卑相"、"卑鹽"等
別名。李時珍曰："諸名殊不可解。或
云其味麻、其色黄，未審然否?"此擬以
味、色解釋麻黄之名者也。

麻黄

　　然今藥用麻黄之莖，味雖稍麻，色
却不黄。説猶未確。

　　段成式《酉陽雜俎》續集卷九《支
植上》云："麻黄，莖端開花，花小而
黄。"所言事實，與今藥用之麻黄相合。

案："幺"、"麼"爲細小之義。"麻"、"麼"一聲之
字，當亦有細小之義。"麻黄"之取名，謂其因"花小而
黄"之故，蓋有近之矣。

10. 鹿蹄草

鹿蹄草爲主金瘡之藥，李時珍始載入《本草綱目》

中，屬"隰草類"。

鹿蹄草

李氏曾引《軒轅述寶藏論》曰：
"鹿蹄，多生江、廣平陸及寺院荒處，
淮北絕少，川、陝亦有。苗似菫菜而
葉頗大，背紫色；春生紫花；結青實
如天茄子。可制雌黃、丹砂。"李氏
之著録鹿蹄草一藥，即本於此。此
鹿蹄草，似與今日植物諸書中所言
之鹿蹄草（*Pyrola rotundifolia* L. ssp. *chinensis* H. Andres）
不是一物。

今鹿蹄草之花白色，而此云"紫色"；今鹿蹄草生於
高山之上，而此則云"多生江、廣平陸"，俱不相合。《本
草》中之鹿蹄草，雖不確知其爲何物，要與今之鹿蹄草不同。

李時珍又於"釋名"下曰："鹿蹄，像葉形。"謂其葉
似鹿之蹄形故名爲鹿蹄草也。

案：鹿爲偶蹄之獸。此草"苗似菫菜而葉頗大"，難
言其像鹿蹄之形。今鹿蹄草，俱圓形之葉，更不像鹿之
偶蹄矣。李氏之釋名，顯然未洽。

鹿蹄草之取名，當別有其故。

《山海經·中山經》曰："釐山之首，曰鹿蹄之山。"
"鹿蹄草"一藥之名，蓋謂鹿蹄山之草耳。

鹿蹄草，既出自《軒轅述寶藏論》，且云："可制雌
黃、丹砂"，其初自是神仙家丹藥所用之物，而後又以之
療金瘡耳。以神仙丹藥所用之物，故爲神秘之説而神化

其名。其取於志怪之《山海經》而爲之，蓋有以也。

11. 眼子菜(鴨子草、鳧葵、靨子菜)

眼子菜(*Potamogeton distinctus* A. Benn.)，俗名鴨子草，見於《種子植物名稱》。名爲"鴨子草"者，以其可以飼鴨之故。"眼子菜"之名，則頗難索解。

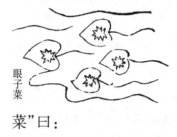

眼子菜

"眼子菜"之名，始見於明人王磐所著之《野菜譜》中(松村任三《植物名匯》誤爲《救荒本草》)。王氏詠"眼子菜"曰：

> 眼子菜，如張目，年年盼春懷布穀，猶向秋來望時熟。何事頻年倦不開，愁看四野波漂屋。

窺王氏之意，蓋謂眼子菜形如眼目而得名也。

然觀眼子菜，不見有何處似眼目之形。王氏或以其長橢圓形之葉當之，則未免勉强。且"眼子"一詞，俗用爲孔穴之義，亦不呼眼目爲眼子也。"眼子菜"之名，自當別有其故。

疑"眼子菜"爲"鴨子菜"之寫訛。"眼子菜"與其俗名"鴨子草"同義，謂鴨所食之草或菜也。

《本草綱目》載莕菜，有"鳧葵"、"靨子菜"、"接余"等別名。李時珍曰："按《爾雅》云：'莕，接余也，其葉符。’則鳧葵當作苻葵，古文通用耳。或云鳧喜食之，故稱鳧葵，亦通。”

萍菜

今案：鳧，是野鴨。苹菜，水草，爲鴨或鳧所食之物。因鳧喜食而名鳧葵之説，合於事實。又“鷹”與“鴨”音近。“鷹子菜”，當是“鴨子菜”之訛寫者，亦謂鴨所喜食之菜也。

“眼子菜”，爲另一種水草，亦鳧、鴨所喜之物。“眼”、“鷹”、“鴨”，皆音近之字。以彼例此，故知“眼子菜”，亦“鴨子草”之訛寫者也。

植物名稱之訛寫者，不一而足。藥名尤其慣用別字，如虋冬之作門冬，秦艽之作秦艽，天蔓菁之作天明精，鬼獨搖之作鬼督郵。則又習用而不以爲異者也。

12. 鵝觀草

今禾本科植物有鵝觀草（*Roegneria kamoji* Ohwi）。

鵝觀草

“鵝觀草”這一名稱，見於王磐《野菜譜》。其書載有鵝觀草之圖。所繪者，也是一禾本植物，但爲一禾本植物之幼苗耳。

王氏書中，對於所載植

物,都有詠歌。其辭曰:

> 鵝觀草,滿地青青鵝食飽。年來赤地不堪觀,
> 又被飢人分食了。鵝觀草。

看此詩歌,可知鵝觀草是鵝所喜之物,故曰"滿地青青鵝食飽"。"觀"、"歡"同聲之字,本可通假。"鵝觀草",該即"鵝歡草",因鵝喜食而得名。王氏雖知鵝觀草爲鵝喜食之物,而又曰"赤地不堪觀",似乎他還沒有明白"觀"字的意思。

古書中頗有借"觀"爲"歡"的,兹引一顯明之例證。《吕氏春秋·慎行》:"左尹郄宛,國人説(悦)之,無忌又欲殺之,謂令尹子常曰:'郄宛欲飲令尹酒。'又謂郄宛曰:'令尹欲飲酒於子之家。'郄宛曰:'我賤人也,不足以辱令尹;令尹必來辱,我且何以給待之?'無忌曰:'令尹好甲兵,子出而寘之門,令尹至,必觀之已。'"這一"觀"字,明明是喜歡的意思,是説:令尹愛好軍隊(甲兵),你把軍隊陳列門口,令尹來了必定要喜歡的。這裏,假"觀"爲"歡"。

"鵝觀草",也是假"觀"爲"歡"的。

13. 人參(人薓)

人參,《本草》舊説"生上黨"。《説文》:"薓,人薓,藥草,出上黨。"是"人參"亦作"人薓"也。

《本草綱目》李時珍曰：

人 參

　　人葠，年深浸漸長成
者，根如人形有神，故謂
之人葠神草。葠字從浸，
亦浸漸之義。浸即浸字。
後世因字文繁，遂以參星
之字代之，從簡便爾。

今案：李氏説浸即浸字，
葠亦從浸字，爲是。其釋"人葠"爲浸漸而成人形之義，
則未免牽强。既言人參有根如人形者，則"人"字，自當
是一形容之詞。而"葠"字若作"浸漸"解，是以"葠"爲
動詞矣。如此則"人葠"一名之中，全無名詞，實難
通解。

"人葠"之爲名，當別有其義。

《廣雅・釋器》："鍐，錐也。""鍐"與"葠"爲同聲之
字，亦可同義。人葠之根作錐形，而又有分歧，若人之有
四肢者，故名爲"人葠"耳。

人葠之"葠"字，通以"參"爲之。凡藥用植物之名
"參"者，亦莫不有錐形之根。

14. 沙參（白參）

《廣雅・釋草》："苦心，沙參也。"王念孫《疏證》於

沙參

此，先言“苦心”之所以爲名，又釋沙參“沙”字之取義。其言曰：

《神農本草》云：“沙參，一名知母，味苦。”此“苦心”之所以名也。《御覽》引《吳普本草》云：“沙參，一名苦心，一名識美，一名虎須，一名白參，一名志取，一名文希，生河内川谷，或般陽續山，三月生，如葵，葉青，實白如芥，根大、白如蕪菁。”又引《范子計然》云：“沙參出雒陽，白者善。”案“沙”之言“斯”，白也。《詩·小雅·瓠葉》《箋》云：“斯，白也。”今俗語斯白字作“鮮”，齊魯之聲近斯。“斯”、“沙”古音相近。實與根皆白，故謂之“白參”，又謂之“沙參”。《周官·内饔》“烏膹色而沙鳴”，鄭《注》云：“沙，嘶也。”斯之爲沙，猶嘶之爲沙矣。

讀“沙”爲斯，而“斯”義爲白，“沙參”與“白參”同義。

案藥用沙參，古時已非一種，《證類本草》所載《圖經本草》沙參之圖，即有歸州、淄州、隨州等不同之形。但諸本草之書，皆言其根白色，或謂根白者爲佳品。今時藥用者，要爲沙參屬（*Adenophora* Fisch.）植物，其根亦爲白色。且沙參一屬之植物，多生於山地，亦不生於沙土之中，名爲“沙參”，自當別有其故，不得以沙土之義爲釋也。王氏讀"沙"爲"斯"，而"斯"有白義，故根白之藥物名曰"沙參"，又曰"白參"，是也。

《本草綱目》李時珍曰："沙參白色，宜於沙地，故名。"此乃望文生義而又臆説其地宜者也。

案：《綱目》引《别録》曰："沙參生河内川谷，及冤句、般陽續山。"又引《圖經本草》："頌曰：今淄、齊、潞、隨、江、淮、荆、湖州郡皆有之，苗長一二尺以來，叢生厓壁間。"皆言沙參生於山間，未有言及沙參之生於沙地者。李時珍亦曰"沙參處處山原有之"，故在《綱目》中列爲"山草類"。如此者，皆與今日沙參生山地之事實相合。沙參，又何嘗宜於沙地耶？

但李氏又謂沙參"其根生於沙地者，長尺餘，大一虎口；黄土地者，則短而小。"此或爲人所栽植之偶然現象，李氏借以實其沙參宜沙地之説耳。

然沙參究爲山地所生之植物，古今一致。曾未見有沙參之生於沙地者。李氏亦於《綱目》中列爲"山草類"，而不入於"隰草類"，即亦可作其真實之地宜矣。

沙參取名之義，當是因其具有白色之錐形根之故（參見"人參"條）。

15. 紫菀

《管子·水地》："地者，萬物之本原，諸生之根菀（或作苑）也。""本"與"原"爲同義之字，"菀"與"根"

紫菀

亦當同義。此句,總謂地爲萬物之根本。

　　植物紫菀(亦或作苑),藥用其根。寇宗奭《本草衍義》云:"紫菀用根。其根柔細,紫色。"今證以《管子》"根菀"一詞,知"紫菀"之義,即謂紫根也。

　　《證類本草・草部中品之上・紫菀》引陶隱居曰:"花亦紫",當是因其根紫而言花亦紫也。又曰:"有白者名白菀",當亦以根而言。俱見紫菀之根爲紫色。今以菊科植物之 Aster tataricus L. F. 當之(見《種子植物名稱》及松村《植物名匯》),不知與古説相合否?

　　《本草綱目・紫菀》之"釋名",李時珍曰:"其根色紫而柔宛,故名。"以"柔"釋"菀",蓋未知"菀"有根義。

16. 玉皇李

　　玉皇李與紅李,均爲普通之果樹。紅李,果實紅色。玉皇李,果實黃色。

　　"玉皇",天神之名,與果樹何干?"玉皇李"之爲名,當與其果實之黃色有關。

　　《廣雅・釋器》:"黊,黃也。"《説文》:"黊,青黃色也。"又"黊"字于鄙反,與"玉"音相近。"玉皇李",當是"觥黄李"之别寫。此李之果實黄色,故有"觥黄"之名。"觥"字不經見,遂以"玉"爲之;而"皇",則又因"玉"而生者也。

"觥黄",複詞。觥與黄統謂之黄,猶偉與大義皆爲大,而複詞即作"偉大"也。

17. 羊躑躅

羊躑躅(*Rhododendron molle* G. Don),與杜鵑花(*Rhododendron simsii* Planch.)相似而花爲黄色。其植物有毒,供藥用。

崔豹《古今注·草木第六》曰:"羊躑躅,黄花。羊食即死,見即躑躅不前進。"這正好解釋了"羊躑躅"的名稱,也是"羊躑躅"名稱較早的解釋。

今羊躑躅,木本植物,《本草》的羊躑躅,舊日却在草部。《證類本草·草部下品之上》載有"羊躑躅",原出於《神農本草》。陶弘景《本草注》云"花苗似鹿葱。羊誤食其葉,躑躅而死,故以爲名。"案"鹿葱",爲萱草之別名。此一羊躑躅似爲草本植物,與今之羊躑躅不同。陶弘景對於"羊躑躅"名稱的解釋,也不若崔豹之説爲善。

羊躑躅

"躑躅",行而不前之貌。羊見毒物而畏避,故躑躅不前。若以"躑躅"狀死,似未妥善。

《本草》中的羊躑躅,頗不一致。除陶《注》之"似鹿葱"者,還有其他草本植物。

潤州羊躑躅

《證類本草》所載蘇頌《圖經本草》"潤州羊躑躅"的圖,繪有塊根,其爲草本植物無疑。這就無怪《本草》書中的羊躑躅歸在草部了。

其他《本草》所說的羊躑躅,有的記載太略,不能確知其爲何物。蘇頌《圖經本草》,又據諸家《本草》,對於羊躑躅作了綜合描述,這就難以分辨了。《圖經》所云"今嶺南、蜀道山谷遍生,皆深紅色如錦綉然"者,當是杜鵑花。

《蜀本草圖經》云:"樹生,高二尺(疑當作丈)。葉似桃葉。花黃,似瓜花。三月、四月採花,日乾。"這一記錄,可能即如今杜鵑花屬的羊躑躅。《名醫別錄》(見《本草綱目》"羊躑躅"條)曰:"生太行山川谷及淮南山,三月采花,陰乾。"這一羊躑躅,也與今種不相違異。

《本草》之羊躑躅,起初可能是與今種一致的,後來混入了許多不同的種類,因皆有毒,而俱名爲"羊躑躅"耳。

18. 款冬

款冬，藥草，藥用今款冬(*Tussilago farfara* L.)植物冬時初生之花莖。據《本草》所記款冬之產地，頗不一致，恐藥用者非即只此一種，蓋亦爲同名植物之冬生花莖。

款冬花

《急就篇》：“款東、貝母、薑、狼牙”，顏師古《注》云：“款東，即款冬也，亦曰款凍，以其凌寒叩冰而生，故爲此名也。生水（當是“冰”字）中，華紫赤色。一名兔奚，亦曰顆東。”此爲解釋款冬名稱較早之文獻，以“款”義爲“叩”，謂款冬或款凍取叩冰而生之義。然此解釋，尚未妥善，清時王念孫曾有駁議。

王念孫於《廣雅疏證·釋草》篇“苦萃，款凍也”下曰：

> 款，或作䕾。凍，或作涷。……案：《楚詞·九懷》云：“款冬而生兮，凋彼葉柯”，王逸《注》云：“物叩盛陰，不滋育也。”顏師古本其訓，故以款凍爲叩冰。然反覆《九懷》文義，實與王《注》殊指。其云“款冬而生兮，凋彼葉柯。瓦礫進寶兮，捐棄隨和。鉛刀厲御兮，頓棄大阿。”總言小人道長，君

子道消耳。款冬、瓦礫、鉛刀喻小人，葉柯、隨和、大阿喻君子，言陰盛陽窮之時，款冬微物乃得滋榮，其有名材柯葉茂美者反凋零也。"款冬而生"，指款冬之草，不得以爲物叩盛陰。草之名"款冬"，其聲因"顆凍"而轉，更不得因文生訓。《釋魚》云："科斗，活東。"舍人本作"顆東"，科斗豈冬生之物，而亦名顆東，則謂取叩冰凌寒之義者，謬矣。傅咸《款冬花賦》云："維茲奇卉，款冬而生。"亦仍王逸之誤。

今案顏師古謂款冬爲名取"叩冰而生"之義，有嫌牽強。顏說當是本於王逸《楚辭注》。王念孫謂王逸《注》誤，解說甚詳，自是不易之論。王逸《注》既誤，師古之《注》自亦不當矣。然王念孫說款冬，"其聲因顆凍而轉"，"不得因文生訓"，似謂款冬或顆冬之爲名并無若何意義之可言，一筆抹煞，亦未免武斷耳。王氏於《廣雅疏證》中曾經解釋若干植物名稱，何獨於此而未審焉？

《廣雅·釋詁》："欵，愛也。"王念孫《疏證》云："欵者，《説文》：'款，意有所欲也。'款與欵同。"又《釋訓》："款款，愛也。"王念孫《疏證》云："卷一云：'欵，愛也。'欵與款同。重言之則曰款款。《大雅·板》篇：'老夫灌灌'，毛《傳》云：'灌灌，猶款款也。'司馬遷《報任少卿書》云：'誠欲效其款款之愚。'"以上釋"欵"字或重言

“款款”，皆有喜悦、歡愛之義。

款冬，爲冬日著花之草，其爲名之取義，必與此有關。款冬之義，蓋謂其植物歡愛於冬日也。

王念孫於此曾引《西京雜記》云：“董仲舒曰：‘葶藶死於盛夏，款冬華於嚴寒’”，又引《藝文類聚》引《述征記》云：“洛水至歲末凝厲，則款冬茂悦曾冰之中。”明知款冬是冬日生花之草，何以未加注意，不從“冬”字着眼，反以爲是“顆東”之音轉，而認爲無義可尋耶？蝌蚪，動物。其名與款冬音近，故皆轉爲“顆東”，其義不必相同。

19. 白薇（白微）

《證類本草·草部中品之上》白薇之下載《名醫別錄》之文曰：“三月三日，採根陰乾。”是白薇藥用其根部。

《證類本草》又載陶弘景《本草注》之言，謂白薇“根狀似牛膝而短小”，載《圖經本草》蘇頌之言曰“根黃白色，類牛膝而短小”，俱謂白薇之根似牛膝。今視《證類本草》所載《圖經本草》之“滁州白薇”圖，及“單州牛膝”、“歸州牛膝”、“滁州牛膝”等圖，均係具有鬚根之植物。白薇藥用其根部，而其根爲鬚形且爲黃白色，可無疑矣。

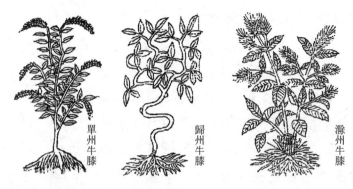

單州牛膝

歸州牛膝

滁州牛膝

今蘿藦科之白薇(*Cynanchum atratum* Bunge)亦爲
鬚根之植物。然與《圖經本草》所謂"今陝西諸郡及滁、
舒、潤、遼州"之"莖葉俱青頗類柳葉"者不合。視其"滁
州白薇"之圖,亦具對生之葉,蓋與今
白薇爲同屬植物。

滁州白薇

《本草綱目·山草類》"白薇"作
"白微",李時珍曰:"微,細也。其根細
而白也。""白薇"即"白微",因其爲草
而字加草頭耳。白薇,藥用其鬚根,白
色而微細,故名"白薇"。李氏所釋
是也。

20. 白前(白龍鬚)

《證類本草·草部中品之下·白前》載陶隱居云:
"此藥出近道,似細辛而大,色白,易折。"又載《圖經本
草》曰:"今蜀中及淮、浙州郡皆有之。苗似細辛而大,

色白，易折，亦有葉似柳或似芫花苗
者，並高尺許，生洲渚沙磧之上。根
白，長於細辛，亦有似牛膝、白薇輩。
今用蔓生者，味苦，非真也。二月、
八月採根，暴乾。"據此，諸家《本
草》所記白前爲用根之藥，而其根纖
細白色如細辛，亦如牛膝及白薇也。

白前

　視《證類》所載《圖經本草》之
"越州白前"及"舒州白前"二圖，雖非同種植物，而其根
則爲鬚根，正與白薇之根相似。

越州白前

舒州白前

　今蘿藦科之白前〔*Cynanchum glaucescens*（Decne.）
Hand.-Mazz.〕亦是具有鬚根之植物。

　藥名慣用別字。"白前"之"前"字、"纖細"之"纖"
字音近。"前"，蓋"纖"之別字。因其根纖細色白，故名
白纖，別而爲"白前"耳。

　《植物名實圖考·蔓草類》（卷二十一）有"白龍
鬚"者，亦爲一具有細根之植物。吳其濬謂其"長根如

白龍鬚

蜈蚣,四周密鬚如細辛、牛膝"。吳氏且疑其即《圖經本草》白前之蔓生者。視其圖,與今之白前、白薇似爲同屬植物。

凡植物之纖細者,常有"龍鬚"之名。"白龍鬚"之名,當與"白前"、"白薇"等名同義。

《中國植物圖鑑》亦載有"白龍鬚",其圖與《植物名實圖考》所繪者,葉形不同,自非一種。然亦爲一具有細根之植物。

21. 柑

柑橘屬有柑。其字原作"甘",爲橘類果實甘美者之名。

羅願《爾雅翼·釋木二·橘》有云:"又有甘橘,其形似橘而圓大,皮色生青,熟則黃赤,未經霜時尤酸,霜後甚甜,故名'甘子'。"他就這樣解釋"柑"名的取義,而其字是原作"甘"的。

羅氏又引《上林賦》:"黃甘、橙、榛。"又引崔豹《古今注》:"甘實形如石榴者,謂之壺甘。"可見古書中是原用"甘"字的。

柑

後來，因爲“甘”是木本植物，就加木旁而作“柑”了。

22. 榖

榖，木名。其字“從木，㱿聲”，非是從禾的“五穀”之“穀”字。“榖”字，一體作“榮”，或假借爲“構”字，又因“構”之簡而作“构”，就是如今用作造紙原料的構樹〔*Broussonetia papyrifera*（L.）Vent.〕。

陸佃《埤雅·釋木》曰：“榖，惡木也，而取名於榖者。榖，善也。惡木謂之榖，則甘草謂之大苦之類也。”

案：榮爲惡木之説，見於《毛詩傳》；甘草謂之大苦，見於郭璞《爾雅注》；《爾雅》：“榖，善也。”也是古訓。然而以惡爲善，未免顛倒。郭璞雖以“大苦”爲“甘草”，其描述却與今藥用之甘草絶不相合。方術家對於藥名常用隱語，或者“大苦”有“甘草”的暗號。但是，“榮”名甚古，爲何取義如此顛倒？周中孚《鄭堂讀書記》説《埤雅》，“其書既多用《字説》〔一〕，則不免於穿鑿附會。”

楮

〔一〕《字説》，王安石解釋文字之書。其所解者甚爲穿鑿附會，學者笑之。後來，譏人立論迂曲不當者，謂之“字説之流”。

羅願《爾雅翼・釋木一》曰：“榖，惡木也，易生之物。一説：‘榖田久廢則生榮’，此聲所以通於榖也。”

羅氏的意思，似乎是説：榮是惡木，不應當用善誼的榖字爲名，而它所以名爲榮者，是因爲榖田久廢則生榮的緣故。案榖田久廢生榮之説，見於唐人段成式著的《酉陽雜俎》。這可視爲古人對植物生態學上的一點觀察和認識。這一認識，可能在段成式著書之前。但這不是隨着植物形體而具有的認識，以此作爲植物命名的取義，未免迂曲。榮，見於《詩經》，其得名之早可知，取義應當不致如此迂曲。羅氏的想法，仍不符合實際。

李時珍在《本草綱目・楮》“釋名”之下，解釋“榮”的名稱説：“楚人呼乳爲榖，其木中有白汁如乳，故以名之。”這是符合實際的説法。

案：榮樹有乳汁，名曰“構膠”，或稱“皮間白汁”，爲合丹藥及粘貼金箔、紙張之用，見於諸家《本草》；楚人呼乳爲榖之説，見於《左傳》。李時珍從植物所特具的性形着眼，而以文字的古義爲説，這應該是正確的。

23. 地膚（地帚）

本草有藥“地膚子”，《神農本草》一名“地葵”，《名醫別録》一名“地麥”，説它“生荊州平澤及田野，八月、十月採實陰乾”。俱見《證類本草・草部上品之下》所載。《證類》又載陶隱居云：“今田野間亦多，皆取莖苗

地膚

爲掃帚。"又載《圖經本草》蘇頌的話説："今醫家便以爲獨掃是也。密州所上者,其説益明,云:'根作叢生,每窠有二三十莖,莖有赤有黄。七月開黄花,其實地膚也。至八月而藼蔛成,可採。'正與此地獨掃相類。"案此生産地膚子的植物,就是如今的掃帚菜〔*Kochia scoparia*(L.)Schrad.〕。《證類》所載《圖經》"密州地膚子"及"蜀州地膚子"的圖,也都像掃帚菜。

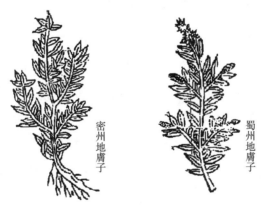

密州地膚子

蜀州地膚子

掃帚菜,俗有"落帚菜"之名。《證類》引日華子云地膚子"又名落帚子",與如今的俗名相合。

《本草綱目·隰草類·地膚》"釋名"李時珍曰:"地膚,地麥,因其子形似也。"這話有些費解。大蓋是説它的種子光滑,像是人之皮膚,而苗形似麥吧?案地膚的苗形倒是與麥苗相似,若説子似人之皮膚,就未免牽强了。

藥名多用別字，"地膚"名稱之取義，不可但從"膚"字的本義上去解釋。

《爾雅·釋草》："莃，馬帚。"鄭樵《注》説："地帚也。似蒿著，可爲帚。""帚"與"膚"一音之轉。"地膚"應當就是"地帚"。

植物名中，謂"天"或"地"者，常有自然的意思。"地帚"，謂其爲自然的掃帚。後別寫作"地膚"耳。

24. 邪蒿

孔憲武《渭河流域之雜草》繖形科中載有"蕒蒿——*Carum carvi* L."一種，謂"蕒蒿"爲陝西俗名。吳其濬《植物名實圖考》蔬類中載有"邪蒿"一種，其所繪之圖與孔氏所記"蕒蒿"相似。蓋這"蕒蒿"即"邪蒿"。

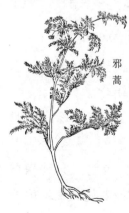

邪蒿

字作"蕒"者，想是記其土音若此。"蕒"、"邪"二字的音讀，該是相近的。

陝西關中地區的邪蒿或蕒蒿，其學名爲 *Carum carvi* L.，它與 *Carum buriaticum* Turcz. 相近，但它的總苞苞片上没有白邊，易於識別。

《本草綱目·菫菜類》有邪蒿，李時珍曰："此蒿葉紋皆邪，故名。"吳其濬也説："葉紋即邪，味亦非正，人鮮食之。紋邪，遂以邪名。"按邪蒿之葉爲二回羽狀復葉，小葉甚細，難以顯見它有何等邪紋，説它"紋邪"而名邪蒿，未免不符事實。

《證類本草·菜部上品》載《嘉祐本草》説："邪蒿：味辛、温、平、無毒。似青蒿細軟，主胃膈中臭爛惡邪氣。"又引《食醫心鏡》説："治五藏邪氣。"疑是因其主治邪氣而名"邪蒿"。

25. 苔

苔和蘚，古義無大區別，指若下等植物而言，跟如今植物學上的含義不盡相同。

任昉《述異記》曰："苔，謂之澤葵，又名重錢，亦呼爲宣蘚，南人呼爲垢草。"由此可見，苔和蘚不分，而苔又有"垢草"之名。

高誘《淮南子注》曰："青苔，水垢也。""水垢"和"垢草"，都表示污垢不潔的意思。

今東北地方俗語，凡物不潔曰"埋苔"。"埋苔"當即"黱黱"之音轉。《廣韻》："黱黱，大黑。""大黑"，蓋即污垢之義。苔之爲名，當是取義於"黱黱"或"埋苔"，故又有"水垢"、"垢草"之名。

26. 樗（虎目樹）

樗

《詩·豳風·七月》:"采荼薪樗",毛《傳》:"樗,惡木也。"陸璣《毛詩草木鳥獸蟲魚疏》曰:"樗,樹及皮皆似漆,青色耳。其葉臭。"陸德明《爾雅音義》引《方志》云:"櫄、樗、栲、漆,相似如一。"案:"櫄",古"椿"字,即是如今的香椿〔*Toona sinensis*(A. Juss.) Roem.〕。樗跟椿"相似如一"而"其葉臭",即是如今的臭椿〔*Ailanthus altissima*(Mill.) Swingle〕。

《本草綱目·椿樗》"釋名"引陳藏器曰:樗,"江東呼爲虎目樹,亦名虎眼,謂葉脱處有痕如虎之眼目,又如樗蒲子,故得此名。"案:如今臭椿的葉痕中有兩個橫列圓形斑點,全痕如虎頭張目之狀,故名"虎目"。"樗蒲子"是一種賭具,其上有點數如樗樹的葉痕,因而爲名;不是樗樹因"樗蒲子"而爲名的。陳氏的説法,未免混淆。

樗字從木,雩聲,跟陝西鄠縣的鄠爲同聲之字,應當也讀扈音。如今的樗字,有讀抽居切而音攄者,那是樗(扈音)的音轉。

樗樹一名虎目,"虎目"急讀,音即如扈。樗,即是

“虎目”的合音字,它的取義,自然是跟“虎目”一樣的。

樗樹,又名惡木。這該當讀如“好惡”之惡,又是樗字的音轉;不必以“美惡”之惡爲解,而疑它是因爲有臭味的緣故。

《莊子·逍遥遊》:“吾有大樹,人謂之樗,其大本擁腫而不中繩墨,其小枝卷曲而不中規矩,立之塗,匠者不顧。”這是樗爲惡木的演義,自然也是“惡木”爲“好惡”之惡的。然而這一演義,未免過甚其辭。樗,既爲“大樹”,即不致“大本擁腫不中繩墨”,而爲“匠者不顧”的。至於樹的“小枝”,也不只是樗“不中規矩”吧？這一説法,也只好以演義看待。

27. 旋麥

《吕氏春秋·任地》:“孟夏之昔,殺三葉而獲大麥。”高誘《注》説:“大麥,旋麥也。”案:“旋麥”之稱,亦見於《氾勝之書》。《氾書》“旋麥”與“宿麥”相對而言,“宿麥”是冬麥,“旋麥”該是春麥。高《注》誤耳。

爲何春麥叫作“旋麥”呢？這該是因爲它的生長時間比較暫短而成熟疾速之故。

《史記·天官書》:“殃還至”,《索隱》:“還,音旋。旋,疾也。”《史記·倉公傳》:“病旋已”,《正義》:“謂旋轉之間,病則已止也。”《方言》卷六:“秦晉凡物樹稼早成熟謂之旋。”此旋麥,正是一種生長疾速而早時成熟的莊稼。

28. 旋花

"旋花"的名稱和"旋麥"一樣,是因爲它的花開時間暫短之故。

今旋花屬(*Convolvulus* L.)植物,在一日之間,花開花謝,爲時暫短。

29. 高河菜

高河菜(*Megacarpaea delavayi* Franch.),産於云南一帶。有人説它是因爲生長在高山間的河谷之地而得名的。這一説法不對。

桂馥《札樸》卷十"杉木和"條曰:

> 保山縣有巡檢駐防之地,曰杉木和,此六詔舊名也。《南詔傳》云:"夷語山坡陀爲和。"案:開元末,南詔逐河蠻取大和城。貞元十年,韋皋敗土番,克峨和城。施浪詔居荳和城。施各皮據石和城。西爨有龍和城。《南詔碑》"石和子"、"丘遷和",皆羌夷稱"和"之證。

又説:

> 點蒼山有草類芹,紫莖,辛香可食,呼爲"高和

菜",亦南詔舊名。

據此可知:"高河菜"之名,當作"高和菜"。

"高和菜"的意思是高山之菜。因爲不懂云南地方的土語,而以"和"爲"河",又曲爲之解耳。

30. 石斛(石蓫、石竹)

藥用之石斛,不只一種,大致都是石斛屬(*Dendrobium* Sw.)的植物。"石斛"的取名,難以索解。《本草綱目·石斛》的"釋名",李時珍也説"未詳"。

《名醫別録》:"石斛,一名石蓫。"案"斛"、"蓫"二字音近,"石斛"當是"石蓫"的音轉。

桂馥《札樸》卷十"石竹"條云:"順寧山石間有草,一本數十莖,莖多節,葉似竹葉,四五月開,花純黄,亦有紫、白二色者,土人謂之'石竹'。案:即石斛也。移植樹上亦生。"這是説石斛又有"石竹"之名,而其莖葉也似竹的。

今案:石斛即石蓫,石蓫又和石竹同音,是石斛又有"石竹"的名稱了。石斛的莖多節而葉又似竹,則石斛即"石竹",意思即是,生長在山石間的竹。此"石竹"不與石竹科的石竹(*Dianthus chinensis* L.)同物,而有同義的名稱。

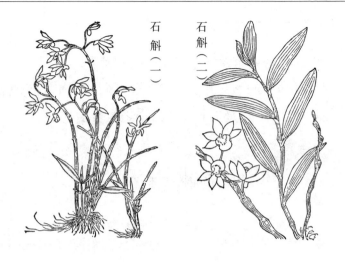

石斛（一）

石斛（二）

31. 蕁麻（蘞麻、燉麻、蟸麻、蠍子草）

蕁麻屬（*Urtica* L.）植物，可供纖維之用；它的莖葉具有燉毛，觸人皮膚，有火燙蜂螫之感。它之所以名為"蕁麻"者，也即是因為這些緣故。

蕁麻，又作蘞麻，或曰燉麻，或曰蟸麻。這些名稱，都用在蕁麻屬植物之上，或以種之不同而分別用之，可是它們的取義都是一樣的。

《淮南子·天文》："火上蕁"，高誘《注》："蕁，讀為'葛覃'之覃。"案：古侵、覃通韻，蕁讀為覃，即古"燂"字。《説文》："燂，火熱也。"字或作燖，又與燅通。《説文》："燅，於湯中爚肉。"這即是如今俗語的燙字。燉，《玉篇》："炙也。"《集韻》："一曰爇也。"也跟燖的意思相近。以上這些字，都有火燙、燒炙之義。

蜂螫和火燒的感覺差不多,故在語言的申引上又有"螫蠚"之義。《詩·周頌·小毖》:"莫予荓蜂,自求辛螫。""辛"當是"燖"的假借字,也即是"燅"字。"辛螫"即"燖螫",即"燅螫",故刺人作痛的毛曰"燅毛",其植物曰"燅麻"、"蕁麻",又通作"蕁"。又直用"螫蠚"之"蠚"字而曰"蠚麻"。這些名稱的意思,都是一樣的。

蕁麻屬及其他蕁麻科植物之具有燅毛者,又有蠍子草之名,這一名稱的意思就更顯明了。

32. 徐長卿(石下長卿)

"徐長卿",像個人名。可是它在《本草》書中是作爲一種藥草名稱出現的。這樣的名稱,頗爲奇特。

"徐長卿"這一藥草,《神農本草》即已著錄,但是它的名稱,歷來諸家本草學者都無解釋。在《本草綱目》中李時珍才說:"徐長卿,人名也。常以此草治邪病,人遂以名之。"但是這一解釋的來歷不明,不知有何根據?

案:《吳普本草》:"徐長卿,一名石下長卿。"《名醫別錄》"石下長卿"說"一名徐長卿"。李時珍也說石下長卿和徐長卿

徐長卿

"爲一物甚明"。這"石下長卿"的稱謂,可就不大像個人名了。若"石下長卿"是人名"徐長卿"的外號,那就跟"柳下惠"一樣,也該是一個有名的人物。可又爲什麼李時珍以前的諸家本草學者,竟無所聞知呢?這一藥草"徐長卿"的名稱,必然別有其故。李時珍對"徐長卿"的解釋,大概是出於傳聞。這一傳聞,恐怕以訛傳訛吧?

《證類本草·草部上品之下·徐長卿》載陶弘景《本草注》云:"今俗用徐長卿者,其根正如細辛,小短扁扁爾。"又載《唐本草注》云:"此藥,葉似柳,兩葉相當,有光潤;所在川澤有之;根如細辛,微粗長,而有臊昔刀切。氣。"又載《圖經本草》云:"三月生青苗;葉似小桑,兩兩相當,而有光潤,七八月著子,似蘿摩而小;九月苗黃,十月而枯;根黃色,似細辛,微粗長,有臊氣,三月、四月採。"這些記載,所説雖非一種,但都説根似細辛。根如細辛的徐長卿,自然是具有鬚根的植物,則可無疑。從葉的"兩兩相當"上看,它和如今的徐長卿〔Cynanchum paniculatum (Bge.) Kitag.〕,該都是蘿摩科的植物。如今的徐長卿,也是具有鬚根的。

徐長卿,具有鬚根,跟白前、白薇等具有鬚根的蘿摩科植物一樣,也該是從鬚根上得名才是。

藥名,有時用隱語。這"徐長卿"的藥名,可能是一隱語,暗示它是一種鬚狀而細長的東西。

隱語,隱約其辭,故作人名,而曰"徐長卿"。後人就從這人名上作了附會，以訛傳訛，遂即又有《本草綱目》李時珍的説法了。不知本草中有時採用神仙術家之語，而仙方中是慣用隱語的。

“石下長卿”，也是隱語。這一隱語，似乎更原始一些，暗示它是生長在石頭下邊的細長之物。而後，又改爲“徐長卿”，全然像個人名，就更加隱約了。徐、鬚同聲，從隱語上着想，叫作“徐長卿”更好一些。

33. 龍膽

今植物有龍膽(*Gentiana scabra* Bge.)，根供藥用。

“龍膽”藥草，《神農本草》即已著録，言其味苦，而未及植物形狀之描述。至宋《圖經本草》，始有詳言。

《證類本草·草部上品之上·龍膽》載有《圖經本草》曰：“龍膽，……苗高尺餘。四月生葉，如柳葉而細。莖如小竹枝。七月開花，如牽牛花，作鈴鐸形，青碧色。冬後結子，苗便枯。……俗呼爲草龍膽。”這一植物的描述，跟如今的龍膽，無大差異，其爲同屬植物，自可無疑。又載有“信陽軍草龍膽”、“襄州草龍膽”、“睦州草龍膽”及“沂州草龍膽”諸圖，雖非一種，大致也都爲如今龍膽屬(*Gentiana* L.)的植物。

《證類本草》又載《開寶本草》説：“今按別本注云：葉似龍葵，味苦如膽，因以爲名。”這是“龍膽”名稱的解釋。《本草綱目》也採取此説。

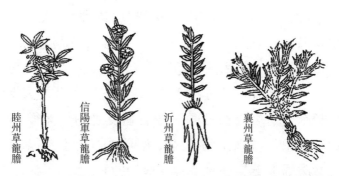

睦州草龍膽　信陽軍草龍膽　沂州草龍膽　襄州草龍膽

今檢《證類本草·菜部上品·龍葵》載有《唐本草注》云:"葉圓,花白,子若牛李子,生青熟黑。"又載《圖經本草》云:"龍葵,舊云所在有之,今近處亦稀,惟北方有之。北人謂之苦葵。葉圓似排風,而無毛。花白,實

龍葵

若牛李子,生青熟黑,亦似排風子。"案"牛李"即鼠李。這葉圓、花白、子實如鼠李而生青熟黑的植物,正跟今茄科植物的龍葵(*Solanum nigrum* L.)一致。又所載宋《圖經本草》之龍葵圖,也該當是茄科植物的龍葵。今茄科植物龍葵的葉形,確與龍膽的葉形不同,謂龍膽"葉似龍葵,味苦如膽,因以爲名"之説,就不完全相合了。

方術之家,故弄虛言,示其藥物之名貴,往往稱龍道鳳,如"龍鬚"、"鳳尾"之類,在在皆是。"龍膽"的名稱,該當也是此類,實即以其根苦如膽,而漫稱"龍膽"耳。其曰"草龍膽"者,示其非真龍之膽。

34. 鴉膽子（鴉葱、老鴉蒜）

苦木科植物有鴉膽子〔*Brucea javanica*（L.）Merr.〕，爲一種具有苦味的灌木或小喬木。其種爲藥物，可治痢疾。名曰"鴉膽"者，即因其具有苦味之故。

"鴉膽"和"龍膽"，是一樣的意思，言其味苦如膽。曰"龍"，曰"鴉"，以示與他種之區別耳。

植物名稱中，用"鴉"字爲名者，不一而足，如"鴉葱"、"老鴉蒜"之類都是，言其似葱而非葱，似蒜而非蒜，不必於"鴉"字上多所追求。

35. 及己（麂耳細辛、獐耳細辛）

藥草"及己"，《名醫別録》已有著録。《唐本草注》云："此草一莖，莖頭四葉，葉隙著白花。好生山谷陰虛軟地。根似細辛而黑，有毒。"案此描述，似爲今之銀綫草（*Chloranthus japonicus* Sieb.）。其曰"莖頭四葉"者，與今之及己〔*Chloranthus serratus*（Thunb）Roem. et Schult.〕稍有出入。但總是此類相近之種。

《本草綱目》李時珍曰："及巳，名義未詳。"又曰："二月生苗，先開白花，後方生葉三片（恐是四片之誤），狀如獐耳，根如細辛，故名獐耳細辛。"此雖未詳"及巳"之名，却已説明了"獐耳細辛"爲名的取義。即此"獐耳細辛”之名，實已透出“及己”爲名之故。

《證類本草・獸部下品・麂》載有《圖經本草》之言曰：“麂……實麞類也。謹按《爾雅》：‘麕與麂同，大麕。’……釋曰：麕，亦麞也。”又寇宗奭《本草衍義》曰：“麂，獐之屬，又小於獐。”據此，可知獐（麞）與麂爲相近似之動物。

“及巳”，當作“及己”，不作“辰巳”之巳。“及己”和“麂耳”爲音近之詞。“麂耳”又和“獐耳”爲義近之詞。“及己”應該即是“麂耳”，也即是“麂耳細辛”的簡稱，與“獐耳細辛”之意同（參看“細辛”條）。

36. 合歡（合昏、夜合）

合歡（*Albizia julibrissin* Durazz.），是一種普通的樹木。它的樹皮供藥用，始見於陳藏器《本草拾遺》。然其作爲藥物，早已著錄於《神農本草》，但未言其藥用者爲何部份。

《證類本草・木部中品》載有《神農本草》曰：“合歡，味甘平。主安五藏，利心志，令人歡樂無憂。久服輕身明目，得所欲。”説得很神妙，而不言治何病證。這大概是出自神仙術家之言，却不必符合事實。所謂“令人歡樂”之言，該是從“合歡”這一名稱而臆度出來的。

陶弘景《本草注》云：“按嵇康《養生論》云‘合歡蠲忿，萱草忘憂’也。詩人又有萱草，皆即今鹿葱，而不入

藥用。至於合歡,俗間少識之者,
當以其非療病之功,稍見輕略,遂
致永謝。猶如長生之法,人罕敦
尚,亦爲遺棄。"這就表明合歡本是
一種仙藥。仙藥,是常予特別的名
稱的。

合　歡

合歡,本來叫作"合昏",又叫
"夜合",見於《唐本草注》、《本草
拾遺》、《圖經本草》以及《本草衍義》。古詩中也有"合
昏"的名稱。陳藏器曰:"葉至暮即合,故云合昏也。"蘇
頌曰:"其葉至暮而合,故一名合昏。"寇宗奭曰:"其綠葉
至夜則合,又謂之夜合花。"案合歡樹的小葉,兩兩相對,
至夜各相合,它有"合昏"之名,是符合事實的。

"合歡"之名,當是由"合昏"轉化而成。其所以如
此轉化者,乃是神仙術家故爲虛玄的慣技。先把它的名
稱轉變了,然後再說它能够讓人"蠲忿"、"無憂"。"歡
樂無憂",也就可以長生而爲神仙了。

37. 木蘭

如今植物學上所説的木蘭(*Magnolia* sp.),跟舊本
草書中所説的木蘭,不是一樣的東西。舊本草書中所説
的木蘭,大概是樟科(Lauraceae)植物。植物中另有個
木蓮,是如今的木蘭科(Magnoliaceae)植物。《本草綱

目》李時珍把木蓮和木蘭混而爲一，後人才把木蘭加上如今的學名。這一沿誤，大概始於日人松村任三。

松村任三《植物名匯》學名"*Magnolia obovata* Thunb."之下的漢名作"木蓮"和"木蘭"，又注以"本"字，示其出於《本草綱目》。

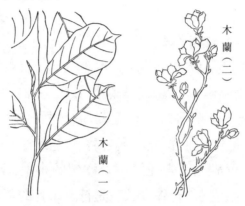

木蘭（二）

木蘭（一）

《證類本草·木部上品》載有《圖經本草》"蜀州木蘭"、"春州木蘭"和"韶州木蘭"三圖。其"蜀州木蘭"從一大形塊狀的根上描兩枝葉子，當是一種草本植物，本草書中從來沒有說過木蘭是草本的，把一種草本植物，列入木部之中，當然是錯誤的。其"春州木蘭"，畫的是一樹枝，其葉具三條縱列的主脈，甚似樟屬（*Cinnamomum* L.）肉桂（*C. cassia* Presl）一類的植物。《唐本草注》云："木蘭，似菌桂葉，其葉氣味辛，香不及桂也。"《嘉祐本草》掌禹錫引《蜀本圖經》云："樹高數仞，葉似菌桂，葉有三道縱文。"這些說法，也正合乎樟屬肉桂之類的樣子。"春州木蘭"，畫的花形不很清楚，看樣子是始生而未展開的花序,在花序的基部似乎是畫了幾個小花蕾,這小花蕾也似是樟科植物的樣子。又一圖,爲"韶州木蘭",葉無三縱脈,似有可能爲今木蘭屬(*Magnolia* L.)植物,然"圖"之文則曰:"韶州所生,乃云與桂同是一種,取外皮爲木蘭,中肉爲桂心。"這仍然是樟科植物,不是如今的木蘭(*Magnolia* sp.)。其圖畫得不夠真實。看來,舊本草書中所説的木蘭,雖未確知其爲何種,但它是樟科植物則無疑。

蜀州木蘭　韶州木蘭　春州木蘭

　　蘭爲香草。樟科植物之木蘭,有香氣而爲木本,故名"木蘭"。

　　古詩中有"木蘭舟"的話。這一"木蘭",究爲何種植物,未有明言。《本草綱目・木蘭》《集解》李時珍引《白樂天集》云:"木蓮,生巴峽山谷間,民呼爲黄心樹。大者高五六丈,涉冬不凋。身如青楊,有白紋;葉如桂而厚大,無脊;花如蓮花,香色豔膩皆同,獨房蕊有異,四月初始開,二十日即謝,不結實。"却説:"此説乃真木蘭也。"他即認爲木蓮是木蘭,故又説:"木蘭枝葉俱疏,其花内白外紫,亦有四季開者,深山生者尤大,可以爲舟。"這樣一來,舊本草書中的木蘭和古詩中的木蘭,就都成爲木蓮了。

李時珍所説的"木蘭",即木蓮,却是如今木蘭科(Magnoliaceae)的植物。松村任三的木蘭學名,大概就是從這上來的。

因爲李時珍把木蘭和木蓮混而爲一,所以他在"釋名"之下又説:"其香如蘭,其花如蓮,故名。"

38. 檀香(旃檀、真檀)

檀香,著於《名醫別録》,《證類本草·木部上品》載之,有名而無説。其下載有陶弘景《本草注》云:"白檀,清熱腫。"是檀香即白檀。

如今用以製白檀香油的白檀,即是檀香科植物的檀香(*Santalum album* L.)。《本草》中的檀香,也該是此種。

《本草綱目·檀香》下,列有"旃檀"和"真檀"兩個別名。李時珍曰:"檀,善木也,故字從亶。亶,善也。釋氏呼爲'旃檀',以爲湯沐,猶言離垢也。番人訛爲'真檀'。"

案:"旃檀"乃梵語,即今學名 *Santalum* 之所取。"真檀",則是"旃檀"的音轉。李氏既知"旃檀"爲釋氏的語言,却爲何又釋"檀"爲"善"呢?

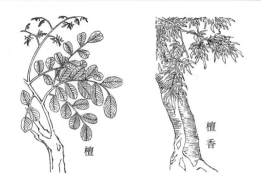

檀

檀
香

39. 樟

樟樹〔*Cinnamomum camphora*（L.）Presl〕是一種有香味的植物。其名"樟"，該當是取其有香味的意思。

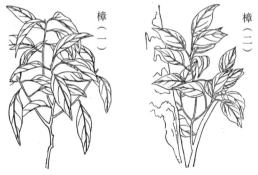

樟
（
一
）

樟
（
二
）

獐，跟麝是相近的動物，有"香栗子"，其香雖不及麝，然也是麝香之類。名"麝"名"獐"，都是因其有香。樟樹的香氣甚著，而名樟，當然與動物之名"獐"是一樣的意思。

《本草綱目·樟》的"釋名"，李時珍曰："其木理多文章，故謂之樟。"王象晉《羣芳譜·木譜一》曰：樟樹，

"肌理細膩有文,故名樟",這是本於李時珍。這些説法是不對的。樟樹的木材,雖然不能説它絶無文章,到底它的紋理不如氣味顯著。"樟"取香義,動植互證可明。

40. 菖蒲

菖蒲

菖蒲(*Acorus calamus* L.)是一種有香味的草本植物。其名"菖",與香味有關。

菖與𦬣字一音。菖與樟字一音之轉。𦬣,爲香草;樟,爲香木。"菖"之爲名,當然也有香義。"菖蒲"者,謂其葉似蒲而有香味耳。

41. 橙(柣)

橘柑之類有橙。其果實芳香,故又有"香橙"之名,見於王象晉《羣芳譜》。

"橙"字又通作"柣",《羣芳譜》因説:"香橙,一名柣。""柣"字有"除耕"、"直良"二切,當"樟"或"菖"音之轉。橘柑之類而有顯著之香氣者名橙或柣,該是與"樟

橙

樹”、“菖蒲”一樣，都是“香”的意思。

　　有以“可登而成”釋橙字“從登”者，不知怎個“可登而成”，不過是望文生義而已。

42. 厚合（厚瓣）

　　翁輝東《潮汕方言》卷十六曰：“俗呼莙蓬菜爲‘厚合’，應作‘厚瓣’。”於下又引《辭源》云：“莙蓬，葉闊大，厚而有光。”他的意思是説，莙蓬的葉厚而有“厚合”之名。“瓣”，也是葉的意思，猶如花瓣也稱花葉一樣。

　　案：《儀禮·公食大夫禮》：“牛藿”，鄭《注》云：“藿，豆葉。”藿爲豆葉，引申之，凡葉都可言藿。“厚合”當即“厚藿”。因莙蓬之葉厚，故呼爲“厚藿”，又別作“厚合”耳。

43. 藿香

　　屑形科植物藿香〔*Agastache rugosa*（Fisch. et Meyer）O. Ktze.〕，草本，莖葉有香味，供藥用。

　　藥用藿香，著於《嘉祐本草》，《證類本草》載之，列入《木部上品》。據掌禹錫説，《南州異物志》、《南方草木狀》及《日華子本草》都有藿香的記載。蘇頌《圖經本草》云：“藿香舊附五香條，不著所出州土。今嶺南郡多有之，人家亦多種植。二月生苗，莖梗甚密，作叢。葉似桑而小薄，六月、七月採之，暴乾乃芬香，須黃色，然後可

蒙州藿香

收。"這藿香明是草本植物。其"蒙州藿香"的圖,也是草本植物的樣子。圖示其莖有棱,當是方莖,跟如今的藿香相似,而葉形略有不同,但是脣形科植物則可無疑。蘇頌也説藿香是"草類"。本草之載入木部者,是個錯誤。

藿香之所以誤入木部者,是因爲舊有五香皆出一木之説的緣故。俞益期《香牋》説:"扶南國人言衆香共是一木:根是㮣檀,節是沉水,花是雞舌,葉是藿香,膠是薰陸。"如今我們知道,這五種香料各自爲物,互不相干。這五香一木之説,顯然是錯誤的。不過,由此可以看出:藿香之爲藥物和香料,原本是用葉子的。

《本草綱目·芳草類·藿香》李時珍曰:"潔古、東垣惟用其葉,不用枝梗。今人併枝梗用之,因葉多僞故耳。"這也可看出,藿香本來是用葉子的。

因爲藿香用葉,所以李時珍於"釋名"下又説:"豆葉曰藿,其葉似之,故名。"

案:上言《潮汕方言》,莙蓬之葉厚大而名"厚合";"藿"、"合"同聲,"藿"的意思也該是葉;"藿香"的意思,應該即是"葉香"。藿香,本爲香料之一種,其香用葉,故有其名。

44. 薄荷（菝蕳、茇葀、茇苦）

薄荷（*Mentha haplocalyx* Briq.），葉有香氣，供藥用。藥用者，不必僅此一種，其爲薄荷屬（*Mentha* L.）植物，則可無大問題。《本草綱目》載有"金錢薄荷"，其葉圓形，或者別是一屬，大概也是有香味的脣形科植物。

《本草綱目》言薄荷之別名有"菝蕳"，出於陳士良《食性本草》。揚雄《甘泉賦》作"茇葀"。呂沈《字林》作"茇苦"。這些名稱，都是"薄荷"的音轉或別寫而已。

"薄荷"的名稱是什麽意思？諸家《本草》均無解釋。

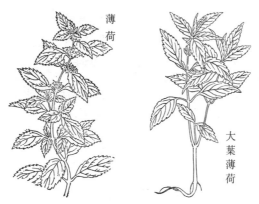

薄荷

大葉薄荷

今案："薄"者，"馞"或"馛"之音轉；"荷"者，"藿"之音轉。"馞"或"馛"，意思是"香"；"藿"的意思是"葉"。"薄荷"，即是"香葉"的意思。"薄荷"的葉子有香味，故有其名。

45. 蘘荷

蘘荷〔*Zingiber mioga*(Thunb.) Rosc.〕，薑屬。其嫩芽供食用。食用者恐非一種，又有供藥用者，大概都是同屬的植物。

《急就篇》："老菁、蘘荷冬日藏"，顏師古《注》云："菁，蔓菁也。……蘘荷，一名蓴苴，莖葉似薑，其根香而脆，可以爲菹，又辟蠱毒。言秋種蔓菁，至冬則老而成就，又收蘘荷，並蓄藏之，以禦冬也。"案：師古所謂蘘荷的"根香而脆"者，實是説蘘荷的嫩芽的。蘘荷的嫩芽

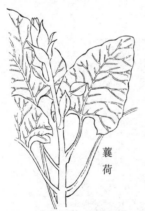

蘘荷

埋於土中，故或認爲是根。《嘉祐本草》掌禹錫引《蜀本圖經》説蘘荷"根似薑牙"，也是以其嫩芽爲根的。所謂"菹"者，即是如今的醃菜之類。據此可知，蘘荷的嫩芽，古時作醃菜之用。

蘇頌《圖經本草》也説蘘荷"其根莖堪爲葅（同菹）"，又引宗懍《荊楚歲時記》云："仲冬，以鹽藏蘘荷，用備冬儲。"這也是説蘘荷的嫩芽可以作醃菜。

古人謂醃菜爲菹，常釀之使酸，故《説文》："菹，酢菜也。"酢，古醋字，自有酸義。

"蘘荷"這個名稱的意思，就在於它的嫩芽可以釀

爲菹菜之用。

《廣雅·釋器》:"釀,菹也。"王念孫《疏證》云:"《説文》:'菹,酢菜也。'或作'蒩'、'蘁'。又云:'蒩,醖也。'或作'蘁'。字並與'菹'同。"王氏又云:"釀之言釀也。《内則注》'釀菜'是也。"

賈思勰《齊民要術·作菹藏生菜法第八十八·釀菹法》曰:"菹,菜也。一曰菹不切曰'釀菹'。用乾蔓菁,正月中作。以熱湯浸菜,令柔軟,解辨,擇治,净洗,沸湯煤,即出,於水中净洗,復作鹽水暫度,出著箔上。經宿,菜色生好,粉黍米粥清,……不用大熱,其汁纔令相淹,不用過多,泥頭七日便熟。菹甕以穰茹之,如釀酒法。"

由《廣雅》及其《疏證》對於"釀"、"菹"的解釋,加以《齊民要術》關於"釀菹"的製法,可以明白,"菹"即"菹",與"釀"是一樣的意思。而"釀",又有"醖釀"的意思。

蘘荷的嫩芽既可爲醃菜,跟"釀菹"有關。然則,蘘荷的"蘘",跟釀菹的"釀",應該是一個字了。"蘘",不過是"釀"字的簡體而已。

蘘荷的"荷"跟薄荷的"荷"一樣,也即"藿"字。藿爲豆葉,也是豆苗。藿,《説文》作"藿",曰:"尗之少也。"尗即豆。"尗之少"者,豈不就是豆苗嗎?藿爲豆苗,申引之,其他植物之嫩芽也就可以謂之藿了。

蘘荷即釀荷,因其嫩芽供作食用的菹菜,故有是名。

　　"蘘荷"的名稱,歷來諸本草學者以迄李時珍,都無解説。蘇頌《圖經本草》曰:"白蘘荷,舊不著所出州土,今荆襄江湖間多種之。"似乎有意强調"荆襄",而暗示荆襄之産地與"蘘荷"之名有關者? 然而他到底没有明言,也就可見其自知理由之不足了。

46. 廣柑 (黄甘)

　　橘類有"廣柑",爲四川的名果。

　　《齊民要術》卷十"甘"條引《廣志》曰:"甘有二十一種(明鈔本誤作柊)。有成都平蔕甘,大如升,色蒼黄。犍爲南安縣出好黄甘。"案:犍爲,古蜀地郡名,因時代其治地有所不同,約都在今四川省境界。"甘",今作柑。"廣"、"黄"一音之轉。犍爲的"黄甘"該即是如今四川的"廣柑"。

　　"廣柑"即"黄甘"。"黄",或以色言,"黄甘"的意思即是黄色的柑。"黄"字,又常用爲"美好"之義;"黄甘"的意思又或爲美好的柑了。

　　《廣志》説"犍爲南安縣出好黄甘","好黄"連文,似乎都是"美好"的意思。

47. 當歸 (文無、蘼蕪)

　　當歸是繖形科植物。如今我國藥用的當歸,大多出自甘肅岷縣一帶。岷縣所産的當歸,是繖形科的 *Angelica sinensis*(Oliv.)Diels 這一種。藥用爲其肥大的根部。然而當歸在早期的本草書中,即已有"蠶頭當歸"和"馬尾當歸"之分;蘇頌《圖經本草》又

當歸

說:"當歸生隴西川谷,今川蜀、陝西諸郡及江寧府、滁州皆有之。"可見當歸這一藥物,自古以來即有多種;如今岷縣一帶所產的當歸,不過是其中之一種而已。

　　"當歸"的名稱頗爲奇特,諸家《本草》多無解説;只於宋人陳承的《本草別説》和明人李時珍的《本草綱目》中,有言及之。

　　《證類本草·草部中品之上》載《別説》云:

　　　　謹案:當歸,自古醫家方論用治婦人産後惡血上衝,倉卒取效,無急於此。世俗多以謂唯能治血。又《外臺秘要》、《金匱》、《千金》等方,皆爲入補不足,決取立效之藥。氣血昏亂者,服之即定。此蓋服之能使氣血各有所歸,則可以於産後備急,於補虛速效。恐聖人立當歸之名,必因此出矣。

這是以醫理來解釋"當歸"的名稱。但是這"氣血各有所歸"的醫理,不過是醫者一家之言,在"當歸"原來命名之時,是否就有這樣的説法呢? 不能説是不成問題。

這樣牽强的説法，恐怕難以置信吧？

《本草綱目》李時珍曰："當歸調血，爲女人要藥，有思夫之意，故有當歸之名。正與唐詩'胡麻好種無人種，正是歸時又不歸'之旨相同。"這也是以醫理來解釋"當歸"的名稱。

婦人思夫，夫當歸家，這也合乎情理。但是這"當歸"的名稱，是否因爲"調血"而來？却不能説是毫無問題。以一家的醫理解釋藥名，與前者仍然有同樣的毛病。

《證類本草》載《唐本草注》云："當歸苗有二種：於內一種，似大葉芎藭；一種似細葉芎藭。惟莖葉卑下於芎藭也。"據此可知，當歸於芎藭相似，而芎藭與當歸又都有大葉與細葉之分。當歸和芎藭這兩種植物必然是很近似的東西。

崔豹《古今注‧問答釋義第八》："牛亨問曰：將離相贈之以芍藥者，何也？答曰：芍藥一名可離，故將別以贈之。亦猶相招召贈以文無；文無一名當歸也。"

案：文無一名當歸，自是當歸也有文無之名。"文無"與"蘼蕪"音近，而當歸的形狀又與蘼蕪相似，疑古之蘼蕪或與當歸不分，"文無"即蘼蕪也。

古詩《上山采蘼蕪》云："上山采蘼蕪，下山逢故夫。"詩中常用隱語，於古尤然。"蘼蕪"與"覓夫"一音。這詩中的"蘼蕪"，當是隱示尋覓丈夫之意。"上山采蘼蕪"喻其尋覓丈夫之意，故下承云"下山逢故夫"也。

“蘪蕪”與“覓夫”同意,可以隱喻思念丈夫之意。丈夫出外,婦思而欲覓之,則丈夫自當歸來。藥名也用隱語。隱其“蘪蕪”或“文無”之名,故即可稱之爲“當歸”了。

又疑:今岷縣當歸出在宕昌。“宕”、“當”音近,“歸”有“參”義,也即肥大的根部的意思。“當歸”指宕昌出産的具有肥大根部的植物。

48. 大麻（胡麻、細麻）

今大麻(*Cannabis sativa* L.),古稱“枲”或“苴”,或曰“枲麻”、“苴麻”,或直稱曰“麻”。其韌皮供纖維之用;而其種子則供食用,爲六穀之一。

大麻

至漢時,由西域引入胡麻,這胡麻,即是如今的脂麻。其所以名爲“胡麻”者,是因爲它的種子可食,很像大麻一樣,又因其爲外來之種,得自胡地,故曰“胡麻”,以別於原有之“麻”耳。

“大麻”之名,見於陶弘景《本草集注》。其《集注》之《叙録》云:

凡丸藥,有云如細麻者,即今胡麻也——不必扁扁,但令較略大小相稱耳。如黍、粟亦然,以十六黍爲一大豆也。如大麻者,即大麻子,准三細麻也。如胡豆者,今青斑豆也,以二大麻子准之。如小豆者,今赤小豆也,粒有大小,以三大麻子准之。

"大麻",對"細麻"而言。胡麻的種細小,故曰"細麻";苴麻的種子較大,故曰"大麻"。

如今在山西地方,有稱爲"胡麻"者,是亞麻(*Linum usitatissimum* L.);有稱"大麻"者,是蓖麻(*Ricinus communis* L.);而稱大麻(*Cannabis sativa* L.)爲"小麻"。這些植物種子榨製的油:亞麻者,曰"胡麻油";蓖麻者,曰"大麻子油";大麻者,曰"小麻子油"。所謂"胡者",也是外來之義。"大"、"小"者,也是相對之辭。蓖麻的種子與大麻的種子相比較,則又顯然有其大小之分了。

49. 蓼(辛菜)

蓼屬(*Polygonum* L.)植物,有些種類的莖、葉以及種子,常具有辛辣氣味,如水蓼(*Polygonum hydropiper* L.)之類。古時,用有辛辣的蓼屬植物作蔬菜食用,或用作食品的調味料。

《説文》:"蓼,辛菜。"《急就篇》:"葵、韭、葱、薤、蓼、蘇、薑。"可見"蓼"是供食用的蔬菜。顏師古《急就篇注》説:"蓼有數種:葉長鋭而薄,生於水中者,曰水蓼;葉圓而厚,生於澤中者,曰澤蓼。"可見古之食蓼,並非一種。食用的蓼有辛辣氣味，故《說文》說是"辛菜"。

此類植物之所以名"蓼"者，即是因爲它們具有辛辣氣味的緣故。

蓼

《說文》"瞭"字下引《逸周書》曰："味辛而不瞭。"《呂氏春秋·本味》曰："辛而不烈。""瞭"與"烈"一聲之轉，義必相近。所謂"味辛而不瞭"者，言其辛辣而不劇烈耳。"瞭"者，該是劇烈辛辣的意思。"瞭"字之從火者，劇辛入口戟刺舌喉，猶如火之灼熱耳。

辛辣的氣味，不免戟刺舌喉，總是要帶些劇烈性的，故有辛辣氣味的植物即名之曰"蓼"。

《本草綱目》於"蓼"的"釋名"曰："蓼類皆高揚，故字從翏，音料，高飛貌。"這樣解說不對，誰又見過蓼類植物都是飛揚的呢？

50. 續斷

《神農本草》說："續斷……主傷寒、補不足、金瘡、癰傷、折跌、續筋骨……一名屬折。"《名醫別錄》則云："一名接骨。"據此可知續斷爲續筋接骨之藥，續斷之名，當即因此之故。然藥用之續斷，非只一種，凡有續筋接骨之效用者往往即有"續斷"之名。

《證類本草·草部上品之下》載陶弘景《本草注》云：

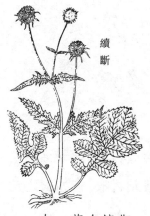

續斷

按《桐君藥錄》云："續斷生蔓延，葉細，莖如荏大，根本黃白有汁，七月、八月採根。"今皆用莖葉，節節斷皮黃皺，狀如雞腳者。又呼爲桑上寄生。恐皆非真。時人又有接骨樹，高丈餘許，葉似荍藋，皮主療金瘡，有此接骨名，疑或是。而廣州又有一藤名續斷，一名諾藤，斷其莖，器承其汁，飲之療虛損絕傷，用沐頭又長髮，折枝插地即生，恐此又相類。李云是虎薊，與此大乖。而虎薊亦自療血爾。

於此即見"續斷"一名之下，早已是有了許多不相同的植物了，甚至有草本與木本之不同。

顏師古《急就篇注》曰："續斷，一名接骨，即今所呼接骨木也。又有草續斷，其葉細而紫色，根亦入藥用。"這又是續斷有草木之分的。顏氏所説的"接骨木"，大概即是陶氏所説的"接骨樹"。

繼陶氏之後，諸本草學者對續斷一藥，亦多有所辨解，不過都是以己所知所見者爲是，還不得一定的准則。

《證類》所載《圖經本草》的續斷圖形,有"晉州續斷"、
"絳州續斷"及"越州續斷"三種,則是三種不同的草本
植物。蘇頌又説:"市之貨者,亦有數種,少能辨粗良。
醫人用之,但以節節斷皮黃皺者爲真。"這一"節節斷皮
黃皺"的續斷,今亦不知其爲何種。

藥物有相同功效的即可能有相同的名稱。因此,一
個名稱即或包括若干不同的種類,不論或木或草,其有
接骨之功效者,都可名爲"續斷"。這也是我國藥用植
物種類複雜的原因之一。

51. 赤箭

藥用"赤箭",是蘭科天麻屬(*Gastrodia* R. Br.)植物
的根生花。春時,抽出花莖,赤色,故名"赤箭"。

"箭"者,花莖之謂。如今通俗地稱蘭花、水仙等之
根生花莖,皆曰"箭"。購買蘭花或水仙,以"箭"計值。
根生花莖之所以謂"箭"者,自然是因爲這類的花莖直

赤　箭　　兗州赤箭

立,猶如箭簳之狀。

《證類本草·草部上品之上·赤箭》載陶弘景《本草注》曰:"莖赤如箭簳,葉生其端。"描寫赤箭植物的形狀,兼示其取名之故。《唐本草注》云:"莖似箭簳,赤色,端有花葉,遠看如箭有羽。"這樣的描寫,也是兼示赤箭取名之故的。但這就有些敷衍穿鑿了。

52. 天麻

天麻與赤箭原是一種植物。《證類本草》於《草部上品之上》載有赤箭,而於《草部中品之下》又載有天麻,且皆用根,而主治有所不同,其中恐稍有差誤。瑛在秦嶺一帶問過採藥人,他們都說:"根爲天麻,苗是赤箭。"這該是對的,掌禹錫、寇宗奭等也說莖苗是赤箭。

"赤箭"之名,上已釋過。"天麻"是什麼意思呢?

《證類本草》載《開寶本草》之言曰:"天麻……主諸風濕痺,四肢拘攣。""諸風濕痺"即風濕麻痺之謂。麻痺之症,俗簡言之曰"麻"。能治"麻"症,故曰"天麻"。"天"者,言其爲天然之產物,如"天冬"、"天明精"之類。

53. 薊

薊,有大薊和小薊。大薊、小薊在本草同條,初見於《名醫別錄》。陶弘景《注》云:"大薊是虎薊,小薊是猫薊,葉並多刺相似,田野甚多。"於此可見大薊、小薊是很相近的植物,而都生於田野不是山上的植物。

冀州小薊

《證類本草·草部中品之下》載有蘇頌《圖經本草》"冀州小薊"圖,其所繪者,該當即是如今的刺薊〔*Cephalanoplos segetum* (Bge.) Kitam. 〕,也即蘇頌説的"青刺薊"。大薊無圖,説又不詳,未悉其究爲何物。然據陶氏之言,大薊也是一種多刺的植物。

薊字音計,與戟或棘并音近。戟爲有刺的兵刃,棘爲有刺的樹木,而薊是有刺的植物。大薊、小薊之都以"薊"爲名者,該是因其植物多刺故。

《史記·賈誼傳》載賈誼之《服賦》,有云:"細故憇薊兮,何足以疑",《索隱》曰:"薊,音介,《漢書》作'芥'。張揖云:'蔕介,鯁刺也。'"

案:薊,即薊字。鯁是魚骨,通言"魚刺"。"憇薊"作"鯁刺"解,可見"薊"字有刺義。

54. 水鱉（水花、水白）

《證類本草・草部中品之下》載有"水萍"。水萍，《神農本草》云："一名水花。"《名醫別錄》云："一名水白。"陶弘景《注》云："此是水中大萍爾，非今浮萍子。《藥録》云：'五月有花白色'，即非今溝渠所生者。"案：此"水萍"，即今之白蘋〔*Hydrocharis dubia*（Bl.）Backer〕，不是浮萍（*Lemna minor* L.），由於陶氏之説已明。《證類》所載蘇頌《圖經本草》"水萍"之圖，正是今之白蘋。

水萍

日人齋田與佐藤二氏所編的《内外植物志》稱白蘋爲"水鱉"，且注之曰"漢"名。今在我國，未聞白蘋有稱"水鱉"者。然日人即説是漢名，必定也有其來歷。

疑"水鱉"這名稱，即來自"水白"？

"水萍"即白蘋，一名"水白"。"白"之音轉讀若"鱉"，猶如寫別字而俗讀若"白字"一樣。當是有讀"水白"若"水鱉"者，因即寫作"水鱉"，由此傳入日本耳。或者，中國的書中竟有寫作"水鱉"者，我等未之見耳。

"水萍"一名"水花"，一名"水白"。又疑"水白"與"水花"同義。

字書中有"葩"字,意思是"花",讀音也與"白"近。"水白",當即"水葩",是"水花"之方言,與"水花"是一個意思,都謂水中的花罷了。

若謂"水白",意思是水中的白花,似乎也通。但是憑空加了一個花字,總不妥當。

白蘋的葉子是有浮囊的,略呈圓形的葉子,中間厚而周圍薄,説它像小鱉的形狀也可以,或者以爲"水鱉"的名稱由此而生,似乎也通。但其形究不甚似,且大小懸殊,恐怕還是不妥當。

"水鱉"爲"水白"之轉訛,而"水白"是"水葩"的轉訛,"水葩"則是"水花"的方言。這樣説法,聯繫得比較密切。

55. 蠡實（荔實、馬藺、馬藺子、馬楝子、荸荔）

今或稱馬藺(*Iris ensata* Thunb.)爲蠡實。"蠡實"之名出於《神農本草》。《名醫別録》曰:"一名荔實。"又云"生河東川谷,五月採實陰乾。"是藥用者爲蠡之子實。《本草》記藥物,故稱之爲"蠡實"。

"蠡"者,"荔"也。藥名慣用別字,或竟用隱語。這樣地捨簡就繁,以"荔"爲"蠡",可謂別而又隱的了。

《説文》:"荔,艸也。似蒲而小,根可作刷。"這"似蒲而小"的荔正是馬藺。如今還用馬藺的根作刷,供洗滌食器之用。

荔與鬣一音之字。鬣是鬃毛,如馬鬃即曰馬鬣。"荔"的名稱,該是取於"鬣"的,以其葉形細長,叢生,猶鬃鬣之狀。

"馬藺"之名,見於《唐本草注》。《證類本草·草部中品之上》"蠡實"下載《唐本草注》云:"此即馬藺子也。"也説"馬藺"之名出於《通俗文》。

蘇頌《圖經本草》也説:"蠡實,馬藺子也。北人音訛呼爲馬楝子。""馬楝",今又讀若"馬蓮"。

案:"藺"也,"楝"也,"蓮"也,都是"荔"字的音轉。"馬"有大義。"馬藺"即"馬荔",義即大荔。大荔,對小荔而言。必因有一小型如荔之物,而此始稱大荔。疑小型之荔,即所謂"狀如烏韭"的"苹荔"?〔一〕

56. 萆薢

張華《博物志》云"拔揳(即菝葜)與萆薢相似",是菝葜與萆薢相近,萆薢也該是菝葜屬(*Smilax* L.)的植物。但在本草書中,萆薢並非一種,已有非菝葜屬

〔一〕《山海經·西山經》:"小華之山……其草有萆荔,狀如烏韭而生於石上。"

（Smilax L.）植物混爲萆薢了。

《證類本草・草部中品之上》載有萆薢,《神農》云：
"萆薢……主腰背痛,强骨節、風寒濕,周痺。"《藥性論》
云："萆薢能治冷風瘺痺,腰脚不遂,手足驚掣。"《圖經
本草》云："萆薢,……《正元廣利方》:'療丈夫腰脚痺
緩。'"是萆薢一藥有療治麻痺之效。

以萆薢之療效,可知"萆薢"之義即痺解,謂其可以
解除麻痺之病。凡草物名稱,其字從草,因而"痺解"即
作"萆薢"了。

57. 淫羊藿

淫羊藿,《證類本草・草部中品之上》載之。《神農
本草》云："主陰痿絶傷",是淫羊藿爲强陰之藥。藥用
其葉。據本草書的記載,藥用者非只一種,大概都是如
今的淫羊藿屬（Epimedium L.）植物。

《證類》載陶弘景《本草注》云：
"服此,使人好爲陰陽。西川北部有
淫羊,一日百遍合,蓋食藿所致,故
名淫羊藿。"這是陶弘景爲"淫羊
藿"名稱作的解釋,而未解釋"藿"
字。《本草綱目》李時珍爲之補充
説："豆葉曰藿。此葉似之,故亦名
藿。"這樣,"淫羊藿"的解釋就完

淫
羊
藿

全了。

然"藿"固有"豆葉"之説,却又不必泥於"豆葉"。若"藿"一定作爲"豆葉",則"淫羊藿"一名,自當釋爲淫羊的豆葉了,似乎也不見得妥帖。

"藿"字,實在該是葉的意思。豆葉可以言"藿",其他植物的葉也未必不可以言"藿"。植物中有"藿香",其葉并不似豆,該是因其葉有香氣而名"藿香"的。這就可見"藿"有葉義了。

"藿香",謂其葉香;"淫羊藿",謂其葉可助羊之淫耳。

58. 薜荔（茝、芷、菌桂、蕙、胡繩）

今人或以鬼饅頭(*Ficus pumila* L.)爲薜荔。這是一個錯誤。其誤由來已久。

"薜荔"之名,始見於《離騷》。《離騷》曰:"攬木根以結茝兮,貫薜荔之落蕊。矯菌桂以紉蕙兮,索胡繩之纚纚。"注家都説薜荔是香草。

今案《騷》文,"茝"(即"芷")、"菌桂"、"蕙"等,都是香草,"薜荔"自然也應該是香草。("胡繩"據注也是香草。)今鬼饅頭無香,其非薜荔甚明。

《離騷》曰:"貫薜荔之落蕊",古以花朵爲蕊。"貫薜荔之落蕊",是説把薜荔之落花穿結起來。今鬼饅頭具隱頭花序,很小的花藏在一個饅頭樣的總花托裏面,有何落蕊可言,鬼饅頭之非薜荔又甚明。

薜荔既非鬼饅頭,則"薜荔"之名,就不能從鬼饅頭身上求得解釋。

《離騷》的薜荔,如今雖然不能確知其爲何物? 但是它是一種具有香味的有花植物,則可無疑。

這種有香有花的植物,既然叫作"薜荔",我們也可以從這一名稱上推測它是個什麽樣的植物。

《爾雅・釋草》:"薜,山蘄。"郭璞《注》曰:"《廣雅》曰:'山蘄,當歸。'當歸,今似蘄而粗大。"據此可知,薜與當歸一類,它是繖形科的植物,是具有香氣的草。《爾雅》又説:"薜,白蘄。"還該是繖形科植物,也是香草。"薜荔"是香草。"薜荔"之言"薜",當因其有香。

《説文》:"荔,艸也,似蒲而小,根可爲刷。"這即是如今的馬藺(*Iris ensata* Thunb.)。"薜荔"之言"荔",當因其似荔。

從而,我們又知道《離騷》的薜荔,是一種具有香氣、葉形細長而叢生似荔的有花植物。

若説薜荔是如今的鬼饅頭,那"薜荔"這一名稱也就無法解釋了。

《山海經・西山經》曰:"小華之山……其草有萆荔,狀如烏韭而生於石上,亦緣木而生,食之已心痛。"《楚辭・九歌・湘君》曰:"采薜荔兮水中,搴芙蓉兮木末。"王逸《章句》云:"薜荔之草,緣木而生。搴,手取也。芙蓉,荷華也,生水中。屈原言己執忠信之行,以

事於君,其志不合,猶入池涉水而求薜荔,登山緣木而
采芙蓉,固不可得也。"這樣看來《楚辭》的"薜荔"也
是緣木而生的,與《山海經》的"萆荔"是一種東西。
《山海經》的"萆荔""狀如烏韭",則《楚辭》的"薜荔"
自然也是"狀如烏韭"的。烏韭,從韭爲名,其狀當似
韭,而韭與荔又是相似之物,則薜荔之必似荔也就很
明顯了。

　　"薜荔"之爲名:"薜",取其香;"荔",狀其形。這
顯然與鬼饅頭無干了。

木蓮

　　　　　　　　　　　把薜荔誤爲鬼饅頭,恐是由於
"緣木"而起。

　　《本草綱目·蔓草類》載有"木
蓮",即鬼饅頭,又別名"薜荔"。
《綱目》引陳藏器曰:"薜荔夤緣樹
木,三五十年漸大,枝葉繁茂。葉圓
長二三寸,厚若石韋。生子似蓮房,
打破有白汁,停久如漆,中有細子,
一年一熟,子亦入藥。"〔一〕這說的顯然是鬼饅頭,而名之
曰"薜荔",這該就是由於"緣木"的誤會,故他一開始就
說:"薜荔夤緣樹木。"

　　這樣的誤會,不知從何時起? 在《本草》中則始於

〔一〕陳藏器言及薜荔的話,亦載於《證類本草·草部上品之下》的"絡石"
　　文中,與《綱目》所載者,文句的次序上略有出入,蓋經李時珍加以改
　　正了。

陳藏器。繼此之後，則有蘇頌與李時珍，他們描寫得更加具體，使人一看即以爲薜荔是鬼饅頭，也就難怪這一錯誤沿誤至今了。錯誤之生，在於誤會。所以誤會，在於不究其原。

59. 扶芳藤（附楓藤）

今植物有扶芳藤〔*Euonymus fortunei*（Turcz.）Hand. - Mazz.〕。

於學名 *Euonymus radicans* Sieb. 之下係以本草“扶芳藤”之名者，始於松村任三的《植物名匯》，今多沿用如此。這樣，是否古今一致？ 未經調查，不敢確言。

扶芳藤於本草中，陳藏器《本草拾遺》始爲著録。《證類本草·草部上品之下》載有“絡石”。於絡石條中，引陳藏器曰：“扶芳藤，味苦，小溫，無毒，主一切血，一切氣，一切冷，去百病，久服延年、變白、

絡石

不老。山人取楓樹上者，爲附楓藤，亦如桑上寄生。”這就是扶芳藤的原始記載。

“附楓”、“扶芳”一聲之轉。“扶芳”，當即“附楓”。“附楓”者，謂其常依附於楓樹之上耳。

《漢書·天文志》云：“一曰，晷長爲潦，短爲旱，奢

爲扶。"晉灼曰:"扶,附也。""附"、"扶",同音而假借。劉熙《釋名》云:"風,放也。"以音訓。"風"、"楓"一聲,"放"、"芳"一聲。"楓"之爲"芳",猶如"風"之爲"放"也。可知,扶芳藤即附楓藤。

　　植物名稱,常用別字。一經寫別,就難以得其解釋了。今"扶芳藤"一名,若無《本草拾遺》"附楓"之説,誰又知其當作何解?

60. 石蕊（太白花）

石蕊

　　石蕊,是地衣類植物。

　　《證類本草·草部上品之上》載有陳藏器《本草拾遺》之石蕊。其文曰:"石蕊,主長年,不飢。生太山石上,如花蕊。爲丸散服之。"

　　案:蕊字,古作花朵解。"如花蕊",即言猶如花朵。以其生於石上,狀如花朵,故名"石蕊"。

　　陝西太白山,近海拔四千米之處,生有一種地衣植物,名曰"太白花",也是説它如"花蕊"的。

61. 漏蘆（茹蘆）

　　植物藥,有漏蘆。藥用者,爲漏蘆植物的根部。但

是,藥用的漏蘆,却不限於一
種植物。舊日本草中所載的
"漏蘆",即已有數種。

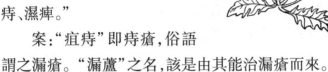

漏蘆

《證類本草·草部上品之
上》載有漏蘆。《神農》曰:
"漏蘆……主皮膚熱、惡瘡、疽
痔、濕痺。"

案:"疽痔"即痔瘡,俗語
謂之漏瘡。"漏蘆"之名,該是由其能治漏瘡而來。

"蘆",有根義。《說文》:"蘆,蘆菔也。一曰薺
根。"蘆菔,根菜,而蘆又爲薺菜之根,是根謂之蘆也。
又,茜草之根可以染絳,古名"茹藘"。"藘"與"蘆"同
聲之字,其義可同。這也可見"蘆"有根義。蘆菔之根
肥大,茜根,也是用其粗大之根部。"蘆"之言根,當是
指其粗大之根而言。

漏蘆之根肥大,可治漏瘡,故以爲名——意謂能治
漏疾之大根耳。

62.馬鞭草

馬鞭草,《證類本草·草部下品之下》載之。《名
醫別録》:"馬鞭草,主下部䘌瘡。"陶弘景《注》云:"村
墟陌甚多,莖似細辛,花紫色,葉微似蓬蒿也。"其說不
詳,又不知其所說的細辛和蓬是指何種,所以也就弄

不明白這一馬鞭草確是何物了。但是,《證類》載有蘇頌《圖經本草》"衡州馬鞭草"的圖樣,似即如今的馬鞭草(*Verbena officinalis* L.);其他諸説,也與今馬鞭草不相違異。藥用馬鞭草,古今大概是一致的。

《唐本草注》云:"苗似狼牙及茺蔚,抽三四穗紫花,似車前穗,類鞭鞘,故名馬鞭。"陳藏器《本草拾遺》云:"若云似馬鞭鞘,亦未近之。其節生紫花如馬鞭節。"關於"馬鞭草"名稱的解釋,有這麼兩樣的説法。

今案:《唐本草注》與《本草拾遺》所説的馬鞭草,該是一種植物。如今的馬鞭草,花紫色,輪生;初生時,在花莖上比較密集,猶如穗狀;花莖漸即抽長,其輪生之花即是層層如節之狀;故一言似穗,一言如節耳。謂其"有似鞭鞘",總是勉强。還是陳藏器所説的"其節生紫花如馬鞭節"爲是。

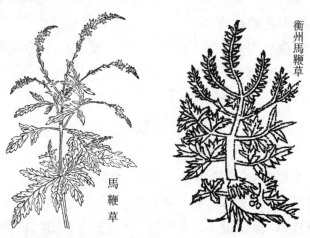

衡州馬鞭草

馬鞭草

古時的馬鞭,該是有節的——如今戲劇中用的馬鞭,有數節絲穗,大概即是古馬鞭形象的誇張。

63. 白頭翁

今毛茛科植物白頭翁〔*Pulsatilla chinensis*（Bge.）Regel〕,莖端單生一花;花後,其多數離生的心皮,各成具有長尾的瘦菓;其瘦菓的尾上有白毛而呈白色;多數瘦菓的白色長尾,聚在一起,猶如老人皓首散髮之狀,故有"白頭翁"之名。這是很容易理解的。

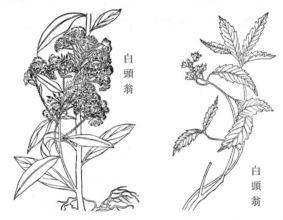

白頭翁

白頭翁

但是,《本草》中各家對於白頭翁的解釋,却不一致。

《證類本草·草部下品之下》載有白頭翁。《神農》與《別録》綜合之文曰:"白頭翁,味苦,温,無毒。有毒。主温瘧、狂易、寒熱、癥瘕、積聚、癭氣,逐血,止痛,療金瘡、鼻衄。一名野丈人,一名胡王使者,一名奈何草。生嵩山山谷及田野。四月採。"陶弘景《注》云:"處處有。

近根處有白茸,狀似人白頭,故以爲名。"這是認爲"白頭翁"名稱的取義,是因爲它近根處有白茸的。

《唐本草注》云:"其葉似芍藥而大;抽一莖,莖頭一花,紫色似木堇花;實大者如雞子,白毛寸餘,皆披下似纛頭,正似白頭老翁,故名焉。今言近根有白茸,陶似不識。太常所貯蔓生者,乃是女萎。"這裏所説的白頭翁,該當即是如今毛茛科的白頭翁。陶《注》與《唐注》所説,當是各爲一種。《唐注》説:"實大者如雞子",乃是指白頭翁的羣實而言。一切描述,都與今毛茛科的白頭翁相合。《唐注》"白頭翁"名稱的解釋,據植物而言,陶《注》據生藥而言,二者差異甚大。

《開寶本草》曰:"今驗此草,叢生,狀如白薇而柔細,稍長,葉生莖頭,如杏葉,上有細白毛,近根者有白茸。舊經、陶《注》,則未述其莖葉,《唐注》又云葉似芍藥,實大如雞子,白毛寸餘,此皆誤矣。"這又認爲以前的注者皆誤。今却不知這一狀如白薇、如杏葉而在莖端的白頭翁是何植物? 但這也是認爲近根有白茸而名"白頭翁"的。

"白頭翁",這一名稱,似乎不難瞭解,而本草學家的解釋,却大有分歧。其所以有所分歧之故,是因爲他們各人所看見的實物不同。《唐注》是就植物的形狀來説的,而陶氏《注》及《開寶本草》是就生藥的形狀來説的。而這兩家所看見的生藥,又未必是一種植物所產。據《唐注》,太常還貯存着蔓生的白頭翁,實是女萎。這就可見白頭翁這藥物，自古以來已是很複雜的了。近來，我還見過一種生藥白頭翁，竟是委陵菜屬（*Potentilla* L.）植物的根部。這種委陵屬植物的根子，上頭帶有一叢切斷的葉柄，有白茸，所以它也叫作"白頭翁"。

《本草》舊説："白頭翁……生嵩山山谷及田野。"如今嵩山一帶，還是白頭翁的重要産地。我在嵩縣附近，曾見大量採掘白頭翁者。採掘的白頭翁，正是毛茛科植物白頭翁的根部。《唐本草注》所描述的白頭翁，也該是毛茛科植物白頭翁。毛茛科植物白頭翁，該當即是原始的藥物白頭翁了。

毛茛科植物白頭翁花後的叢集瘦菓，甚似老人白髮，名稱取義極爲明顯。其他之種，説有白茸，就未免勉强了。

至於《唐注》説的太常所貯存的蔓生白頭翁，本是女萎。女萎一名雀瓢，是蘿藦科植物。蘿藦科植物種子是常有白毛的，故也冒充白頭翁。

64. 雞頭

雞頭（*Euryale ferox* Salisb.），深水植物。葉大、圓而皺，浮於水面。夏日，自水底抽出花梗，梗端一花；花後，花托膨大，多刺，宿萼呈尖喙狀，全形猶如雞頭，故以爲名。這是無須多加解釋的。然而，也有不同的説法。

雞頭實

《證類本草·果部中品》載有《神農本草》的"雞頭實",陶弘景《注》云:"此即今蕧。子形上花似雞冠,故名雞頭。"這樣說法,與實物不相符合。如此習見的植物,不能說陶氏未曾見過;不知他把什麼東西看成是"似雞冠"了?

《嘉祐本草》掌禹錫等引《蜀本草圖經》云:"此生水中,葉大如荷,皺而有刺;花子若拳大,形似雞頭。"宋蘇頌《圖經本草》云:"葉大如荷,皺而有刺,俗謂之雞頭。盤花下結實,其形類雞頭,故以名之。"這些說法,纔是正確的形容和解釋。

65. 荆芥(薑芥)

植物荆芥〔*Schizonepeta tenuifolia* (Benth.) Breq. 〕,供藥用。

《證類本草·菜部中品》載有假蘇,《神農》云:"味辛。"《別錄》云:"一名薑芥。"《唐本草注》云:"此藥,即菜中荆芥是也。薑、荆,聲訛耳。先居'草部'中,今人食之,錄在'菜部'也。"是假蘇一名薑芥,而薑芥即荆芥也。

假蘇

假蘇味辛,與薑與芥皆同,故名曰"薑芥"。"薑芥"
又別寫爲"荆芥"耳。

66. 莧菜

莧菜(*Amaranthus tricolor* L.),是很普通很習見的
植物。而這一種植物的名稱,却很別致,一時還不容易
想出它取名的意義所在。到
底它是因爲什麼緣故而名
"莧"呢?

莧

《證類本草·菜部上品》
載有"莧實"這一藥物。《神
農》曰:"莧實,味甘,寒。主
青盲,明目,除邪,利大小便,
去寒熱;久服益氣力,不飢,輕
身。一名馬莧。"《別録》曰:"一名莫實……生淮陽川澤
及田中。"陶弘景《注》引李云:"即莧菜也。今馬莧別一
種。"是《本草》之"莧實"即莧菜之子實也。

莧實,在《神農本草》中,主要是一種明目之藥。

孟詵《食療本草》曰:"莧,補氣除熱,其子明目。"也
說莧菜的子實是明目之藥。

《説文》:"見,視也。"視,必以目。明目之藥而名之
曰"見",從草作"莧",這是可以説得通的。"莧菜"爲
名之取義,大概即是如此。

67. 馬齒莧（馬莧）

馬齒莧（*Portulaca oleracea* L.），是一種野生的蔬菜，莖葉及種子又供藥用。

馬齒莧

《證類本草·菜部下品》載《開寶本草》曰：“馬齒莧，主目盲、白瞖，利大小便，去寒熱，殺諸蟲，止渴，破癥結癰瘡。服之長年、不白。……子明目。”其主治與《神農本草》之“莧實”相近，也是治眼、明目之藥。

治眼、明目之藥而名曰“莧”，其義與莧菜相同。其曰“馬齒”者，以其葉形似馬之齒牙耳。

《神農本草》云：“莧實，一名馬莧。”“馬莧”，當是馬齒莧之簡稱。因其主治與莧略同，故誤認爲是一物。《蜀本草》曰：“馬莧，一名馬齒莧。”即是證明。

68. 人莧（糠莧）

《證類本草·菜部上品》“莧實”下，載有《嘉祐本草》掌禹錫等注云：“謹按《蜀本注》云：《圖經》説，有赤莧、白莧、人莧、馬莧、紫莧、五色莧凡六種。”可見以

"莧"爲名之植物非一。

"馬莧",即馬齒莧。這六種莧,不只有品種之別,當是還有種上的差異。於此單説"人莧"。

人莧

掌禹錫等又説:"人莧小,白莧大。"《圖經本草》蘇頌也説:"人莧小而白莧大。"而又説:"入藥者人、白二莧,俱大寒,亦謂之糠莧,亦謂之胡莧,亦謂之細莧,其實一也。"這樣,人莧和白莧又是一樣的東西了;而且人莧和白莧又都有"胡莧"、"細莧"、"糠莧"等別名。案:"胡",有大義;"細",有小義。是人莧和白莧也就可以沒有大小之分了。

總之,人莧和白莧以小大爲分,有些混亂,其説未必實在。

三十年代,我曾在河南西部山區,見過山區農民種植的人莧。農民説,他種的是"人莧"。這一人莧,實在即是植物學書本上所説的"老槍穀"(*Amaranthus caudatus* L.),一名千穗穀。據農民説:這人莧的種子可食;他們的糧食不足,種這種東西,是預備冬天拌糠吃的。莧屬(*Amaranthus* L.)的種子有些滑潤,拌合在米糠裏吃,大概是易於下嚥。《圖經本草》説人莧"亦謂之糠莧",似乎與其種子可合糠而食,不無關係。這樣看來,所謂"人莧"者,也即老槍穀了。

老槍穀是人莧，"人莧"這一名稱也就容易瞭解了。

植物的果核或種子之脫去皮殼者，嘗稱之爲"人"，如"桃人"、"杏人"、"花生人"都是。古書"桃人"、"杏人"的"人"字，如今習慣作"仁"。穀類的種實脫皮後，也稱"仁"，如"麥仁"、"薏仁"是。《證類本草·米穀部中品》"蕎麥"下説："其飯法：可蒸使氣餾，於烈日中暴令口開，使舂，取人作飯。"這即是在糧食上直接用"人"字的。糧食之言"人"，與"米"同義，猶如"花生人"也該是"花生米"一樣。

老槍穀，莧屬之一種，穗大，穗多，所收的種子的數量也多。種它，專爲取其種子，以代糧米之用，故名之曰"人莧"。這該是名符其實的。

其他食用莖葉的莧屬植物，應該是不得名爲"人莧"吧。

寇宗奭《本草衍義》曰："莧實入藥亦稀。苗又謂之人莧，人多食之。莖高而葉紅、黃二色者，謂之紅人莧，可淹菜用。"這也是以莧菜爲人莧的。其曰"人多食之"一語，似爲"人莧"之名稱作解釋者。

人食其葉而名"人莧"，不若人食其"人"而名"人莧"爲愈。

69. 乳香

植物乳香（*Boswellia carteri* Birdw.），是産於紅海沿

岸的一種樹木。這種樹木的莖部浸出的樹脂,叫作"乳香",其植物亦因此爲名。

《證類本草・木部上品》載有乳香。又引《海藥》"乳頭香",是因其樹脂凝結作乳頭狀之故。

"乳香"者,"乳頭香"之簡稱耳。

70. 秦皮(青皮木、岑皮)

《説文》:"梣,青皮木。"這即是如今的苦櫪樹(*Fraxinus bungeana* DC.)。苦櫪樹的樹皮,浸液,呈青碧色,故又謂之"青皮木"。此樹之皮可治目疾,《本草》中稱爲"秦皮"。今苦櫪樹亦名"秦皮"者,是因藥物之名而名其植物的。

《證類本草・木部中品》載有"秦皮"。《神農》作"秦皮",《別録》曰:"一名岑皮。""岑皮"即"梣皮",謂其藥爲梣木之皮。"梣"、"秦"一音之轉。藥名慣用別字,"梣皮",也就別作"秦皮"了。

秦皮

"秦皮",《唐本草注》曰:"此樹似檀,葉細,皮有白點而不粗錯,取皮水漬,便碧色,書紙看皆青色者是。"案"檀"即青檀(*Pteroceltis tatarinowii* Maxim.)。《唐注》所説的"秦皮",正與今苦櫪樹相合。

即見"秦皮"即梣樹之皮,也即是青皮木之皮了。

"梣"以"岑"爲聲。"岑"、"秦"又與"青"音近。疑"梣皮"意即"青皮",謂其皮青色。由"青"一轉爲"梣",再轉爲"秦"。"秦皮"本爲藥名,而今又作植物之名了。

71. 苦櫪樹（苦樹）

苦櫪樹（*Fraxinus bungeana* DC.）,即"秦皮"樹。"秦皮"之名,前已釋之。這"苦櫪"一名,又該是什麼意思呢?

苦櫪樹與白蠟樹（*Fraxinus chinensis* Roxb.）同屬,它們又都是木犀科（Oleaceae）的植物。欲釋"苦櫪"樹這一名稱的意思,要先説白蠟樹。

木犀科植物,嘗可放養白蠟蟲,生產白蠟。"白蠟樹"一名的意思,即謂可養白蠟蟲而生產白蠟之樹。"蠟"、"櫪"一聲之字——"蠟"字以"鼠"爲聲符,"鼠"即讀若粒或櫪,也可説"蠟"、"櫪"是一聲之轉。"苦櫪"樹,即是"苦蠟"樹,言其爲有苦味之蠟樹耳。

《證類本草·木部中品》秦皮一藥之下,載有《唐本草注》云:"俗見味苦,名爲苦樹。"可知"秦皮"一名"苦樹",也即是"苦櫪樹"一名"苦樹"。

"苦樹",當是"苦櫪樹"之原名。其後因與白蠟樹爲類從之名,遂即名爲"苦櫪樹"了。"苦櫪樹"當即"苦蠟樹”，言其是有苦味的蠟樹。

72. 柞木（鑿子木）

柞木有兩種，一種是養柞蠶的柞木，也即是山毛櫸科（Fagaceae）的柞木（*Quercus variabilis* Bl.）；一種是做木梳的柞木，也即是大風子科（Flacourtiaceae）的柞木〔*Xylosma japonicum*（Walp.）A. Gray〕。這兩種柞木迥然不同，而其名稱各有來歷。

山毛櫸科的柞木，果實有殼斗，古人稱爲“皁斗”，或直稱“皁”。皁斗可以染黑色，因之黑色又曰“皁”（今字作“皂”）。皁斗的皁字，若照古文字的寫法，可以作♀，正像其果實具有殼斗之形。“皁”也即是後來用爲早晚的早字。“皁”、“柞”一聲之轉。“皁”之爲“柞”，猶“造”之與“作”也。這一“柞木”，即是“皁木”，言其爲生産皁斗之樹。

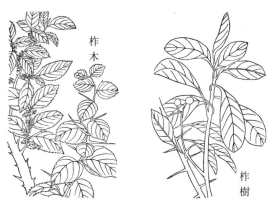

柞木

柞樹

　　"柞木"一名,本來指生產染皂的皁斗一種而言。因其可養柞蠶,而其他能養柞蠶的同屬植物亦有稱爲柞木者。但是,木匠辨認木材,仍然專指一種。

　　大風子科的柞木,與前種不同。它之所以名爲"柞木"者,另有個來歷。

　　這一"柞木"之名,出於《嘉祐本草》。《本草綱目》李時珍曰:"此木堅忍,可爲鑿柄,故俗名'鑿子木'。方書皆作'柞木',蓋昧此義也。柞,乃橡櫟之名,非此木也。"這是從實際調查中所得到的解釋。已把問題解決了。

　　大風子科的"柞木",其名是鑿子木而來。這一說法很對。《詩·唐風·揚之水》:"白石鑿鑿",朱《注》:"鑿音作。""鑿"、"柞"一音之字,故"鑿子木"一名,簡省"子"字而又別作"柞木"了。

　　木名的"柞",最早見於《詩經》。《詩經》的"柞"與養柞蠶的"柞"是一事,即是李氏所謂橡櫟之柞,也即是山毛欅科的柞。

　　另一種木名的"柞木",則見於《本草》。《本草》中的"柞木",與做木梳的"柞木"是一事,即李氏所謂鑿子木的柞木,也即是大風子科的柞木。

73. 溲疏

　　今虎耳草科植物有溲疏(*Deutzia scabra* Thunb.)。

溲疏

　　"溲疏"的名稱奇特。爲何叫做"溲疏"呢？

　　《證類本草·木部下品》載有溲疏。《神農本草》曰："溲疏，味辛，寒；主身皮膚中熱，除邪氣，止遺溺。"《名醫別錄》曰："通利水道，除胃中熱，下氣。"看來，溲疏是一種治療遺尿症之藥，也是利尿之藥。溲，即溺，即尿。"溲疏"之爲藥，能治遺尿，又爲利尿之劑，故以爲名。"溲疏"者，言尿之疏通耳。

　　但是，《本草》中的溲疏與今虎耳草科的溲疏，未必是一種植物。

　　陶弘景《本草注》引李當之云："溲疏，一名楊櫨，一名牡荆，一名空疏，皮白中空，時時有節，子似枸杞子，冬月熟，色赤，味甘苦。末代乃無識者。此實真也。非人籬援之楊櫨也。"似此，與今虎耳草科的溲疏絕不相同。溲疏一物，後之本草學者，雖有辯説，而究竟未曾弄清它是何種。

　　如今以虎耳草科的 *Deutzia scabra* Thunb. 爲溲疏，則出於松村任三《植物名匯》。松村於漢名"溲疏"之下，在括弧中注一"本"字，意謂出於《本草》。他所説的《本草》，當是《本草綱目》。今查《本草綱目》"溲疏"下，最後載有汪機對於以前之《本草》注者一大段辯論，認爲諸家説,都不可靠,但也没有説出"溲疏"究是何物。不知松村氏根據什麽,認爲《本草》的"溲疏"就是虎耳草科的植物。

　《唐本草注》云:"溲疏,形似空疏;樹高丈許;白皮;其子八九月熟,色赤,似枸杞子,味苦,必兩兩相並,與空疏不同。空疏一名楊櫨,子爲莢,不似溲疏。"疑此溲疏爲如今忍冬屬(*Lonicera* L.)植物。因忍冬屬植物之果實,爲"兩兩相並"之漿果,有些果實熟時變爲紅色,而且有"似枸杞子"之狀者,他屬植物無有如此者。

74. 小蘗(黄蘗、黄柏)

　小蘗,是黄蘗之小者。

　小蘗與黄蘗是同屬植物,同爲小蘗屬(*Berberis* L.)。藥用黄蘗,是小蘗屬植物的樹皮。小蘗屬植物的樹皮内層黄色,故有"黄蘗"之名。

蘗木

　黄皮之樹而名"黄蘗","蘗"字必與皮義有關。

　"蘗"字,今讀若柏,故"黄蘗"藥方中或作"黄柏"。

　《説文》:"朴,木皮也。"今朴樹

（*Celtis* sp.），《爾雅》曰"魄"。〔一〕"魄"、"柏"一聲之字，
故知"檗"即"朴"，也是"木皮"之義。況"檗"字以"辟"
爲聲符，其音又與"皮"通。由此看來，"黄檗"的意思是
"黄皮"無疑。實際上，它的樹皮確爲黄色的呀。

　小檗，與黄檗一屬，因其植物較小，故名"小檗"。
"小檗"意思即是小黄檗，也即小黄檗的簡稱。

　《證類本草・木部上品》載有"檗木"，小字注云：
"黄檗也。"所載諸家對黄檗的解說，不甚明悉，或有其
他植物之混充黄檗者，但多言其皮色黄，仍與今黄檗一
致。其所載蘇頌《圖經本草》的"黄檗"與"商州黄檗"
二圖，則都是如今的小檗屬（*Berberis* L.）植物。

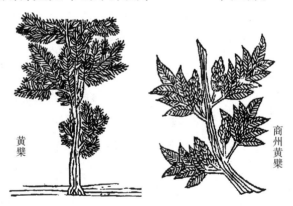

黄檗　　　　　　　　　　　　　　商州黄檗

　《證類本草・木部下品》又另有"小檗"，出於《唐本
草》，曰："味苦，大寒，無毒，主口瘡。"其性味和療效又與

〔一〕《爾雅・釋木》："魄，榩榶。"郭璞《注》云："魄，大木，細葉似檀。"案：
　　檀，即今青檀（*Pteroceltis*）與朴（*Celtis*）相似，故知"魄"即今朴樹。鄭
　　樵《爾雅注》正謂魄即朴樹。

黄檗略同。而《唐本草注》云："子細,黑、圓如牛李[一]子",
這就不是小檗屬(*Berberis* L.)的植物了。蘇頌《圖經本
草》説小檗"木如石榴;皮黄;子赤,如枸杞,兩頭尖。人
剉以染黄"。這又是如今小檗屬(*Berberis* L.)的植物
了。大概《唐本草注》有誤,宋《圖經本草》之説爲是。

小檗,還是黄檗之小者。

75. 石南(金背枇杷)

石南,或作石楠。石南一名之下,却有兩類不同的
植物:一爲杜鵑花科(Ericaceae)的石南;一爲薔薇科
(Rosaceae)的石南。爲説"石南"名稱的取義,要先討論
一下這兩類不同的石南。

《證類本草·木部下品》載
有"石南"。從這裏可以看到諸
家《本草》對於石南的記録。他
們所説的石南,頗不一致。

《名醫别録》説石南"生華陰
山谷",如今華陰地方不産薔薇
的石南。這一石南必定不是薔薇
科的石南(*Photinia serrulata* Lindl.)。

石南

陶弘景《本草注》云:"今廬江及東間皆有之。葉狀

〔一〕 牛李,即鼠李。

如枇杷葉。"這一石南,可能即是薔薇科的石南。

《唐本草注》云:"葉似莴草,凌冬不凋。以葉細者爲良,關中者好。""莴草"即是莽草。這一葉似莽草而又常綠的石南,該當即杜鵑花科的石南了。

《唐本草注》又云:"其江山已南者,長大如枇杷葉,無氣味,殊不任用。"這一產於長江以南而葉長大如枇杷者,該即是如今薔薇科的石南了。

《蜀本草》云:"終南斜谷近石處甚饒。今市人多以瓦韋爲石韋,以石韋爲石南,不可不審之。"這一石南,該當是杜鵑花科的石南。終南斜谷,即是太白山附近。如今太白山,產一種杜鵑花科的植物,叫作"金背枇杷"(*Rhododendron clementinae* ssp. *aureodorsale* Fang)。這種植物是生在高山上的,葉大略似藥物枇杷,背面有黄褐色的茸毛,故有"金背枇杷"之名。《蜀本草》説人拿石韋冒充石南。石韋是蕨類植物。常見一種大葉的蕨類植物而葉背有褐色茸毛者稱爲"石韋"。拿石韋的葉子充石南,這石南葉的背面該也有褐色茸毛。《蜀本草》所説的石南,可能即是如今的"金背枇杷"。

寇宗奭《本草衍義》曰:"石南,葉狀如枇杷葉之小者,但背無毛,光而不皺。正、二月間開花。冬有二葉爲花苞。苞既開,中有十五餘花,大小如椿花,甚細碎。每一苞,約彈許大,成一毬。一花六葉一朵,有七八毬,淡白綠色,葉末微淡赤色。花既開,蕊滿花,但見蕊不見花。花纔罷,去年綠葉盡脱落,漸生新葉。治腎衰脚弱最相宜。但京、洛、河北、河東、山東頗少，人以此故少用。湖南北、江東西、二浙甚多。故多用南實。”這一描寫，甚爲詳細，他所描寫的正是薔薇科的石南。

據上之所述，足見石南有杜鵑花科的石南和薔薇科的石南這樣兩類。薔薇科的石南，大概只有一種；而杜鵑花科的石南，又非只一種植物。

據《名醫別録》説石南“生華陰山谷”，《唐本草注》説“關中者好”，可知石南原來非是薔薇科的植物；而杜鵑花科的石南纔是原來藥用的石南。

杜鵑花科的石南有大葉的，有細葉的，哪一種又是原來的石南呢？我以爲大葉的是較原始的石南。

由薔薇科的石南葉大可以推測，薔薇科的石南，應該是後出的石南。它的葉形如枇杷葉這一點，可能是由於杜鵑花科的大葉石南“金背枇杷”之類而起。所以我推測，石南原來是杜鵑花科植物的大葉種。

“石南”，是杜鵑花科植物的大葉種，它的名稱就好解釋了。

石南，原來是杜鵑花科植物的大葉種，也即是如今的金背枇杷（*Rhododendron clementinae* ssp. *aureodorsale* Fang）之類。它的葉形既似枇杷，即與楠樹的葉形也有相似，故其名稱以“楠”爲類從，而又因其生於高山石上，也就叫作“石楠”了。“石南”，今也或作“石楠”。

蘇頌《圖經本草》所繪的“道州石南”圖，是一種小葉種的石南，絶非薔薇科的石南。可是，《圖經》的文

字,是綜合各種石南而説的,有的
説的是杜鵑花科的石南,有的説
的是薔薇科的石南。不可只根據
一點,籠統地説《圖經》的石南是
什麽。更不可根據一點,認定石
南是薔薇科的植物,而以石南爲
杜鵑花科植物者爲誤。

道州石南

　　原來日本稱杜鵑花科爲石南
科,我們把石南改爲杜鵑花科。這樣改法也好,可以避
免與薔薇科的石南混亂。應該贊同"杜鵑花科"這一科
名,却不必認爲用"石南科"的科名就算錯誤。

　　松村任三《植物名匯》以 *Rhododendron metterrichii*
S. et Z. 爲石南。其漢名"石南"之下括弧中注一"本"
字,意謂出自我國的《本草》。從種上看,這樣未必確
實。或者日本藥用的石南是這一種。

　　《本草綱目·石南》"釋名"李時珍曰:"生於石間向
陽之處,故名石南。"今案杜鵑花科的石南,生於石間,
却不生於向陽之地,其解未善。

76. 草石蠶

　　甘露子(*Stachys sieboldii* Miq.),脣形科(Labiatae)
植物。一名寶塔菜,一名草石蠶。或有謂此"草石蠶"
之名出於《本草拾遺》者,非是。

　　《證類本草·草部下品之下》載有陳藏器《本草拾遺》的草石蠶,云:"按草石蠶,生高山石上;根如筯,上有毛節如蠶;葉似卷柏。"今案:卷柏,《本草》亦載之,是

草石蠶

蕨類植物。《本草拾遺》的"草石蠶",既然葉似卷柏,自然即非脣形科的甘露子了。

　　説脣形科植物草石蠶,出自《本草拾遺》,是個錯誤。

　　《證類本草·玉石部下品》載有"石蠶",云:"生海岸石傍,狀如蠶,其實石也。"這是一種石蠶。

　　還有一種石蠶。《證類本草·蟲魚部下品》又載有"石蠶"。《神農本草》云:"一名沙蝨。"《名醫別錄》云:"生江漢池澤。"陶弘景《本草注》引李當之云:"江左無識此者,謂爲草根。其實類蟲,形如老蠶,生附石。僞人得而食之,味鹹而微辛。"《嘉祐本草》掌禹錫等又引《蜀本草注》云:"今既在'蟲部',又一名沙蝨,則是沙石間所生者一種蟲也。……按此蟲,所在水石間有之,取以爲鈎餌者是也。今馬湖、石門出此最多,彼人好噉之,云鹹,微辛。"這種石蠶,當爲一種昆蟲的幼蟲。但據李氏之説,可知彼時已有一種草根,稱爲石蠶的了。

　　"草石蠶",這一名稱,是由石蠶而生。石蠶,本是石質而似蠶者,草根或植物之地下莖,也有似蠶的,因與石蠶爲別,而又曰"草石蠶"。猶如蟲類之石蠶,後加蟲

字而曰"蟲石蠶"一樣。

《本草》中的草石蠶,原是蕨類植物,後因脣形科的甘露子地下莖像蠶,也叫作"草石蠶"。植物,同名異實的很多,要看什麼書説的是什麼東西,不可隨意引據。

77. 續隨子

大戟科植物續隨子(*Euphorbia lathyris* L.),子實供藥用。

《證類本草・草部下品之下》有"續隨子"條,載蘇頌《圖經本草》曰:"續隨子生蜀郡,及處處有之。今南中多有,北土差少。苗如大戟,初生一莖,莖端生葉,葉中復出數莖相續。花亦類大戟,自葉中抽萼而生。實青,有殼。人家園亭多種以爲飾。秋種,冬長,春秀,夏實,故又名拒冬。實入藥,採無時。"這一記録,所描寫的續隨子與今所見者無異,且涉及"續隨子"名稱的取義了。

"續隨"者,相續隨而抽出莖葉,復相續隨而着花結實也。

78. 蕳茹(離婁)

《證類本草・草部下品之下》載有"蕳茹",原出於《神農本草》。又載有蘇頌《圖經本草》的"淄州蕳茹"

圖,確是大戟屬(*Euphorbia* L.)植物。《本草》中所有關於蕳茹的記述,也都與今大戟屬(*Euphorbia* L.)相符合。

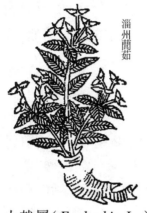

淄州蕳茹

但古時藥用蕳茹之種則不確知。

蕳茹,陶弘景《本草注》云:"今第一出高麗,色黄,初斷時汁出凝黑如漆,故云漆頭。次出近道,名草蕳茹,色白,皆燒鐵爍頭令黑,以當漆頭,非真也。"這一説法,也可見蕳茹是大戟屬(*Euphorbia* L.)植物。它是有乳汁的東西,所以起初切斷時流出乳汁。這流出的乳汁,凝結在根的頂端,而後即變爲黑色的漆頭了。其假的蕳茹,也把根的頂端燒黑而冒充真者。

這一藥物,具有黑色的漆頭,即與其有"蕳茹"的名稱有關。

案:蕳茹,一名離婁。"蕳茹"和"離婁"是音近之名,"蕳"音當也若"離"。"離"與"黎"又爲一音。若作"黎茹",則與其藥物之形象有關,而其名稱也就容易解釋了。

茹者,根也。《易·泰卦》:"拔茅茹",王《注》:"茹,相牽引之貌"是。"黎"、"黧"通,黑色也。《尚書·禹貢》:"厥土青黎",孔安國《傳》"色青黑"是。藥用"蕳茹",用大戟屬植物之根,而其根之頂端有黑色之

漆,故名爲"黎茹"。由"黎茹"轉爲"離婁",或轉爲"藺
茹"耳。

"離婁",古之人名,人所習知,故"黎茹"或"藺
茹",以音近而作"離婁"。

79. 地椒

《證類本草·草部下品之下》載有"地椒",出於《嘉
祐本草》。《嘉祐本草》云:"地椒,味辛,温,有小毒。主
淋煤腫痛,可作殺蛀蠱藥。藥出上黨郡。其苗覆地蔓
生,莖葉甚細。花作小朵,色紫白,因舊莖而生。"此説,
與如今的地椒(*Thymus mongolicus* Ronn.)無大差異。
《本草》的地椒,若非與今地椒同種,亦必同屬——百里
香屬(*Thymus* L.)。

百里香屬(*Thymus* L.)植物有香氣。如今的地椒,
人或以之代替花椒,用爲食品香料,"地椒"之名,當即
以此,謂其非樹木之椒,而爲生於地面之椒耳。

80. 藜蘆

今之藜蘆(*Veratrum nigrum* L.),及藜蘆屬(*Veratrum* L.)其他植物,根部有毒,可供藥用。《證類本草·
草部下品之上》載有"藜蘆"。其所載蘇頌《圖經本草》
的"解州藜蘆"二圖,都是藜蘆屬植物。其他《本草》諸

家所説的藜蘆,也與今藜蘆屬植物不相違異。“藜蘆”
這一藥物,大致古今是一致的。不過藥用者不限於一種
而已。

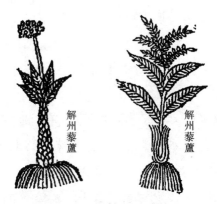

解州藜蘆　　解州藜蘆

　　案:“黎”有黑義(已見“薔茹”條),“蘆”有根義(已
見“漏蘆”條)。“藜”當即“黎”,因爲植物而從草。“藜
蘆”之名,似當爲黑根之義? 然而,《范子計然》説:“藜
蘆出河東,黄白者善。”似乎藜蘆又非黑根?

　　蘇頌《圖經本草》記述較詳,其言曰:“藜蘆……三
月生苗,葉青,似初出椶心,又似車前;莖似葱白,青紫
色,高五六寸,上有黑皮裹莖,似椶皮;有花肉紅色;根似
馬腸根,長四五寸許,黄白色。二月、三月採根陰乾。”
這還是説藜蘆的根是“黄白色”的。但又説“莖似葱白”
而有“黑皮裹莖”。這顯然是藜蘆的鱗莖上有黑皮的。

　　如今藥用藜蘆的根部,是附帶着鱗莖的,古時大概
也是這樣。“藜蘆”名稱的意思爲黑根,當連其鱗莖而
言,猶如“薔茹”。根之頂端有黑漆,而其名稱取黑根之

義一般。

81.半夏

半夏〔*Pinellia ternata*(Thunb.)Breit.〕,天南星科植物。其地下之塊莖有毒,供藥用。《本草》中所記載的半夏,大致也是這一種。不過,藥物總是有些混亂,或有其他之種羼入,但也都是天南星科的植物。

半夏(一)
半夏(二)

顏師古《急就篇注》曰:“半夏,五月苗始生,居夏之半,故爲名也。”這一解釋,大概是本於《月令》。《禮記·月令》曰:“仲夏之月……半夏生。”謂夏曆五月半夏始生出。但是,這種説法是錯誤的,因爲與事實不相符合。

如今,我們所見到的半夏,都是春天(約夏曆二三月)即生苗了,未曾見過夏曆五月間纔生苗的。這就是《月令》“仲夏之月……半夏生”與事實不符之一。

齊州半夏

《證類本草・草部下品之上》載有蘇頌《圖經本草》的“齊州半夏”圖，其形像即今種半夏。《圖經》之文曰：“半夏生槐里川谷，今在處有之，以齊州者爲佳，二月生苗，一莖，莖端出三葉，淺綠色，頗似竹葉而光。”這一半夏的描述，與今不相違異。而曰“二月生苗”，這又是《月令》“仲夏之月……半夏生”與事實不符之一。

根據今之目驗，與舊日《本草》的記述，半夏都是夏曆春天生苗的，故知《月令》之說是錯誤的。顏師古以此解釋“半夏”的名稱，當然也是錯誤的。

《本草》中關於半夏的記錄，最早的見於《神農本草》。《名醫別錄》曰：“生槐里川谷。五月、八月採根，暴乾。”這就可知，半夏是五月採的，而不是五月生的了。

半夏，是個很古老的藥物，當是因其爲藥而命名的。半夏於夏曆五月間採，及夏之半，故名“半夏”。這樣解釋，纔能符合事實。

有人會說，如今的半夏與古時的半夏未必是一種，或者另有一種半夏，是夏曆五月生苗的。這樣由他猜想，未爲不可。但是，要說真的，我們就要問他要實在的東西。

82. 牛扁 (扁特、扁毒)

今牛扁(*Aconitum barbatum* var. *puberulum* Ledeb.)，與烏頭同屬，也供藥用。《本草》所記載的牛扁，與今者無大差異。《證類本草·草部下品之下》所載"潞州牛扁"圖，也與今之牛扁大致相同。

牛扁，爲治牛病之藥，其名稱的取義，當與治牛病有關。

《神農本草》曰:"牛扁，味苦，微寒。主身皮瘡熱氣，可作浴湯，殺牛蝨、小蟲，又療牛病。"這已説明，牛扁與牛的疾病有關。

潞州牛扁

《唐本草注》云:"此藥，似三堇、石龍芮等，根如秦芃而細，生平澤下濕地，田野人名爲'牛扁'，療牛蝨甚效。太常貯，名'扁特'，或名'扁毒'。"這也説:牛扁爲治牛病之藥;而其"扁特"及"扁毒"二名，當都與牛有關。

蘇頌《圖經本草》又説，牛扁，潞州名爲"便特"。這"便特"一名，就把牛扁與牛的關係説出來了。

案:特，是父牛。父牛，也即是牛。"便特"的意思，即是便利於牛。"便"、"扁"一音，"扁特"即"便特"，字之別耳。其曰"扁毒"者，疑即"便犢"。"犢"是小牛，也即是牛。"便犢"，還是便利於牛的意思。

“牛扁”者,即“牛便”。顛之倒之,意思都是一樣。

83. 使君子

使君子(*Quisqualis indica* L.),原産印度,在我國栽培於雲南、四川及閩粵諸省。果實供藥用。

宋《開寶本草》始著“使君子”這一藥物。

《證類本草·草部中品之下》載有“使君子”,其引《開寶》之文曰:“使君子,味甘,温,無毒。主小兒五疳,

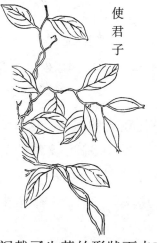

使
君
子

小便白濁,殺蟲,療瀉痢。生交、廣等州。形如梔子,稜瓣深而兩頭尖。亦似訶梨勒而輕。俗傳,始因潘州郭使君療小兒多是獨用此物,後來醫家因號爲‘使君子’也。”這一記載,説及藥物使君子的性味、主治、産地,以及其生藥的形狀,而又解釋了其名稱的來歷。不過這只記載了生藥的形狀而未言及其植物的形狀。

蘇頌《圖經本草》的“眉州使君子”植物圖形,與今之使君子不相違異。其説曰:“使君子,生交、廣等州,今嶺南州郡皆有之。生山野中及水岸。其葉青,如兩指頭(寬),長二寸。其莖作藤,如手指。三月生花,淡紅色,久乃深紅,有五瓣。七八月結子,如拇指,長一

寸許，大類梔子而有五稜。
其殼青黑色，内有人白色。
七月採實。"這一描述甚詳。
圖與説，皆與今植物使君子
無異。

眉州使君子

《開寶》雖只記述了使君
子的生藥形狀，而其所記形狀
也與今使君子無異。

可見，使君子這一藥用植物，古今一致，未有別種
混入。

"使君子"之爲名，《開寶本草》記其來歷，甚是明
白。這是我國對於植物命名也嘗記某人之一證。

84. 地榆

今植物地榆（*Sanguisorba officinalis* L.），多年生草
本植物，生於山野，其葉似榆（*Ul-
mus pumila* L.）。其名爲"地榆"
者，當是因其葉形似榆之故。加
"地"字於"榆"之上以與榆示别，
又言其不如榆之高大，而爲接近
地面之榆耳。

　"地榆"之名，出於《神農本
草》，《證類本草·草部中品之

地榆

下》載之。又載陶弘景《本草注》云："葉似榆而長,初生布地,而花子紫黑色。"所記與地榆無異。其曰"葉似榆","初生布地",已示"地榆"取名之義。

85. 山毛欅

今我國植物學上有山毛欅屬(*Fagus* L.)、山毛欅科(Fagaceae)、山毛欅目(Fagales)等分類名稱,而以水青槓樹(*Fagus longipetiolata* Seem.)稱爲山毛欅。但是"山毛欅"這一名稱的來歷,是有問題的。

"山毛欅"這一名稱,在我國許多古書中都未曾發現,而僅見於清朝初年出版的一部字典類書籍《正字通》中。《正字通》所説的"山毛欅"與今者不同。

《正字通》於"欅"字下云:"《六書故》又作'槞',與'欅'同。又有山毛欅,葉加大而毛。杜甫詩:'欅柳枝枝弱',即杞柳。欅、杞聲相近。《六書略》、《正韻》、《函史》誤分爲二。"這是説,欅即欅柳,也即是杞柳。杞柳的枝條細弱,可以編製器物,自是如今的柳屬(*Salix* L.)植物。然則《正字通》所説"山毛欅",應該也是柳屬(*Salix* L.)植物,而非水青槓之類。如今植物學上所用"山毛欅"的名稱,自當別有來源。

日人松村任三作《植物名匯》,於植物學名下列有和名(即日本名稱)及漢名(即中國漢語名稱)。其學名

Fagus japonica Maxim. 之下，漢名即爲“山毛欅”；又有“山毛欅科”之名。我國今用“山毛欅”之名，當是來自日本，由日本所有之種類之名，輾轉而用爲國産種類之名耳。

山毛欅屬（*Fagus* L.）植物之一種，日本名稱曰“椈”，也見於松村之《植物名匯》。這個“椈”字，在我國的古書中意思是柏，與日本不相同。椈、欅，音近之字，日本所用“山毛欅”之名，當是與“椈”有關。

杜亞泉等所編之《植物學大辭典》，多襲用日本書籍，其“椈”字下之學名，即同松村《名匯》。説“椈”爲“殼斗科，山毛欅屬（亦作椈屬），生於山地，落葉喬木”。又曰：“莖高數十尺，樹皮色白，葉互生，卵形，嫩時微有毛，至成長後則無之。……其與山毛欅異者，山毛欅葉似於椈，而比椈較薄，下面有多數之毛，樹色黑色，是也。”這是説“山毛欅”與“椈”之分別，主要在於“山毛欅”葉之背面多毛。由此可見，日人認爲“椈”與“欅”二字可以通。其“椈屬”（*Fagus* L.）之一種葉有多毛者，名爲“山毛欅”。此“山毛欅”爲日本名稱，並非我國字書《正字通》所言之山毛欅。

《正字通》中的“山毛欅”，是柳屬植物，其名稱當謂生於山地多毛之杞柳。今植物書中的山毛欅之名稱來自日本，名稱的意思是説，生於山而葉有多毛的日本椈樹。

86. 蚤休

本草中有蚤休,即今之重樓(*Paris polyphylla* Sm.)。蘇頌《圖經本草》的"滁州蚤休"圖,與今重樓無異。《唐本草注》亦云:蚤休"今謂重樓者是也"。

"蚤休"之名,有些費解。

《證類本草·草部下品之下》載有蚤休,其錄《神農本草》之言曰:"蚤休,味苦,微寒。主驚癇搖頭弄舌,熱氣在腹中癲疾,癰瘡,陰蝕,下三蟲,去蛇毒。一名蚩休。"

滁州蚤休

案:"蚤"字與"蚩"字,形甚相近,因書中字有損壞,轉寫時,這二字是可以互相發生錯誤的。疑"蚤休"是"蚩休"的錯誤;"蚩休"誤爲"蚤休"後,其他本頭還有寫作"蚩休"的,故編寫《神農本草》者即謂蚤休"一名蚩休"。若不然,何以這兩個名稱的字形却這麼相近呢? 不疑爲"蚩休"是"蚤休"之誤者,是因爲"蚩休"這一名稱與"去蛇毒"有關。

《唐本草注》對於蚤休也説:"傅蛇毒有效",可見《神農本草》所説的"去蛇毒"也是蚤休藥物的重要用途。

蛇字從"它"爲聲,"它"與"也"字常通,故蛇字又有"駝"、"馳"二音。北方大河"滹沱"或作"滹池"。

《春秋公羊傳·桓公十二年》:"公會紀侯、莒子,盟于毆蛇。""毆蛇",《左傳》及《穀梁傳》均作"曲池"。"蛇"之音"池",則與"虵"一音。"蛇"字,又有寫作"虵"的。今"蚤休"一名"虵休",而爲"去蛇毒"之藥,可知"蚤休"是"虵休"之誤,而"虵休"又是"虵休"之誤,也即"蛇休"之誤。

休者,息也,止也。藥或藥用植物之名"蚤休"者,"蛇休"之誤,謂其爲能止息蛇毒之物。

87. 穀精草（戴星草）

今植物有穀精草（*Eriocaulon buergerianum* Koern.）,又有穀精草屬（*Eriocaulon* L.）、穀精草科（Eriocaulaceae）等分類名稱。

穀精草

"穀精草",這一名稱的取義何在?

"穀精草"之名,出於《開寶本草》。《證類本草·草部下品之下》載有《開寶》之文曰:"穀精草……二月、三月於穀田中採之。一名戴星草,花白而小圓似星,故有此名爾。"

蘇頌《圖經本草》有"江寧府穀精草"及"秦州穀精

草”二圖。其“江寧府穀精草”與今穀精草似非一物。
其“秦州穀精草”,則與今之穀精草大不相同。其説云:
“穀精草,舊不載所出州土,今處處有之。春生於穀田
中,葉蒢俱青,根、花並白色。二月、三月內採花用。一
名戴星草,因其葉細、花白而小圓似星,故以名爾。又有
一種,莖梗差長,有節,根微赤,出秦隴間。”

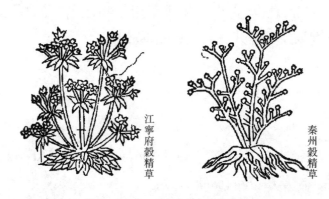

由此可見,穀精草於古藥用者已有二種。而此古用
之二種穀精草,又都非今植物學書所載之穀精草。又古
之穀精草春日採花,而今之穀精草秋日開花,是爲大不
相同之處。但是,“穀精草”之名稱,則當從古者求其
解釋。

古之穀精草,一名“戴星草”,謂其花小而圓,生於
莖梗(當是根生花梗)之頂端,如戴繁星之狀。“精”、
“星”一聲之轉,“穀精草”當即“穀星草”。又名“穀星
草”者,謂其爲生於穀田之星草耳。

若解作其草爲穀田或穀類之精,就不通了。精者,

精華之義。豈有可謂穀田或穀類中的雜草爲穀田或穀之精華的嗎？

88. 合萌（合明草）

今植物田皂角（*Aeschynomene indica* L.），或稱爲"合萌"。

案：萌，爲萌芽之義。名曰"合萌"，難以爲解。

《本草》中有"合明草"。其始，見於陳藏器之《本草拾遺》。《證類本草・草部下品之下》載有《嘉祐本草》之"合明草"，其文曰："合明草，味甘，寒，無毒。主暴熱淋、小便赤澀、小兒瘶病，明目，下水，止血痢。擣絞汁服。生下濕地，葉如四出花，向夜即葉合。"這一合明草，是否即今之合萌，不得確知。但是，如今的"合萌"之名，當是由此"合明"而生。

凡植物名稱，往往後來加上草頭。已有"荅"字，"合"字即不能加草，只可把草頭加在"明"之上，尚無大礙。故"合明"遂成"合萌"。

《嘉祐本草》言合明爲明目之藥，其植物之葉向夜即合。其名爲"合明"者，言其葉夜合而爲明目之藥耳。

又植物合歡，原名"合昏"，謂其葉（指小葉）昏夜而合也。今合明，葉亦昏夜而合，其名又或以此。"昏"、"冥"一義，"明"、"冥"一聲。因其葉夜合，故名"合冥"，別作"合明"或"合萌"耳。此説，似更合理。

89. 鴨跖草（鼻斫草、碧竹子、竹葉菜、淡竹葉）

今植物有鴨跖草（*Commelina communis* L.）。因而又有鴨跖草屬（*Commelina* L.）、鴨跖草科（Commelinaceae）、鴨跖草目（Commelinales）等分類學名稱。

案：足掌曰跖。"鴨跖"，就字面來講，即鴨之足掌。今鴨跖草類植物，無論任何部份都無有狀似鴨之足掌者，

鴨跖草

而名爲"鴨跖草"，必然另有來歷。

《本草》中有"鴨跖草"；其早者，見於陳藏器《本草拾遺》。《證類本草·草部下品之下》載《嘉祐本草》之文曰："鴨跖草……生江東、淮南平地。葉如竹，高一二尺，花深碧，有角如鳥觜。北人呼爲雞舌草，亦名鼻斫草，吳人呼'跖'，跖、斫聲相近也。一名碧竹子。花好爲色。"這一"葉如竹"的鴨跖草，與今者一致。

《嘉祐本草》所記的"鴨跖草"，描述簡略，而未有與今鴨跖草不合之處，雖不能確知其即爲今何種，要爲鴨跖草屬或鴨跖草科之植物則可無疑。

《證類本草》所載《嘉祐》鴨跖草之別名有誤字。其"鼻斫草"，當即是"鼻折草"。云"吳人呼爲跖"者，言

吴人讀折如跖也，其下應曰"跖、折聲相近"。今晦明軒本"折"均作"斫"，與"跖"音何能相近。其他名稱，也有用別訛之字者，那却是植物中習見的通例。

"鼻斫草"是"鼻折草"之誤，又作"鼻跖草"。"碧竹子"以草而言，當作"碧竹草"。"鼻折草"及"鼻跖草"，都該是"碧竹草"之訛別。"竹"，音近而訛爲"折"或"跖"，猶"諸"字之以"者"爲聲也。"鴨跖草"之"跖"也該是"竹"字之訛。

知"跖"爲"竹"之訛，則"鴨跖草"之名，即可得到解釋了。

鴨跖草，"葉如竹"，又有"碧竹子"之名，"跖"之爲"竹"，自可無疑。然則"鴨"字，是由什麼字而訛的呢？當是由於"野"字。"野"、"鴨"音近而誤。

"鴨跖草"，當即"野竹草"，言其爲生於田野如竹之草耳。

因其"葉如竹"，故李時珍於《本草綱目》謂"鴨跖草"有"竹葉菜"、"淡竹葉"之名，可證"鴨跖草"爲"野竹草"之訛別。又其同科植物有水竹葉〔*Murdannia triquetra*（Wall）Bruckn.〕亦可爲證。

90. 茅膏菜

今茅膏菜科（Droseraceae）有茅膏菜（*Drosera peltata* Sm. var. *multisepala* Y. Z. Ruan），爲一種著名的捕蟲植

物。此植物生於山野濕地,葉作半圓形,邊緣有腺毛,分泌黏液,黏着小蟲。

"茅膏菜"之名,見於陳藏器《本草拾遺》。

《證類本草‧草部上品之上》載陳藏器曰:"茅膏菜,味甘,平,無毒。主赤、白久痢,煮服之。草高一尺,生茅中。葉有毛如油膩,黏人手。子作角,中有小子也。"所記與今之茅膏菜無異。

"茅膏菜"的名稱,陳藏器在其記載中實已作了解釋。"膏"者,油脂之謂。陳氏描述茅膏菜之葉説"有毛如油膩",附帶解釋了"膏"字;而曰"生茅中",即是解釋"茅"字的。

不過,陳氏解釋"茅"字的意思,還嫌有點牽強。"生茅中"而名"茅膏菜",謂茅中之膏菜也。憑空加了個"中"字,似乎不可。

案:茅與莽一聲之字,義當爲草。古今方語,有形容詞在名詞之後者。"茅膏",當即"膏茅",言其爲具有油膩之草。"菜"字後加。因不知"茅膏"之"茅"爲一名詞,而又爲之加一名詞"菜"字耳。

91. 白及

蘭科植物之白及〔*Bletilla striata*(Thunb.) Rchb. f.〕,具有白色、塊狀之地下莖,供藥用及糊料。

《本草》中所記之白及,與今者無異。但言其地下莖爲“根”耳。

《證類本草・草部下品之上》載有白及，《神農本草》曰：“一名連及草。”吳氏（普）《本草》曰：“莖葉如生薑、藜蘆；十月華，直上，紫赤；根白，連。”於此可見，白及一物，古今一致；今白及之塊莖白色，塊塊相連着，即是所謂“根白”而“連”的話了。“連及草”之名，當是言其根（塊莖）連着相及耳。

白及

“白及”者，謂其塊莖色白而連着相及。

92. 黄連

黄連（*Coptis chinensis* Franch.），根莖色黄，有苦味，供藥用。

《本草》所載黄連，非只一種。

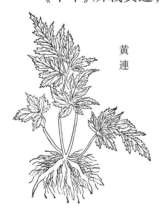

黄連

《證類本草・草部上品之下》載有黄連，《名醫別録》云：“生巫陽川谷及蜀郡、太山。”陶弘景《注》云：“巫陽在建平。今西間者，色淺而虚，不及東陽、新安諸縣最勝，臨海諸縣者不佳。用之，當布裹挼去毛，令如連珠。”《唐本草注》云：“蜀道者粗大,節平,味極濃苦,療渴爲最。江東者,節如連珠,療痢大善。"《蜀本草圖經》:"苗似茶,花黄,叢生,一莖生三葉,高尺許,冬不凋。江左者,節高若連珠。蜀都者,節下不連珠。"由此可見,黄連之藥,非只一種;其中有一種是根如連珠的。

"黄連"的名稱,當與根如連珠之種有關。

"黄"者,謂其根莖色黄;"連"者,根莖如連珠之謂。

"黄連"之名,猶如"白及"。"白及"謂其塊莖白色連着相及;"黄連",則謂其根莖黄色,亦連着相及也。"連及"連綿之語,故白及曰"連及草"。"連"、"及"一義,故可曰"白及",亦可曰"黄連"。二名一例。

93. 甘遂(甘藁、陵藁、陵澤、重澤)

藥用"甘遂",《本草》所記,不只一種,要爲大戟屬(*Euphorbia* L.)植物之根部。其他,有與大戟屬植物大相徑庭者(如宋《圖經》之"江寧府甘遂",《唐本注》之"如蓖麻、鬼臼葉"之甘遂),則可目爲贋品。

甘遂

大戟屬,多有毒植物,入口戟人之喉,何得言"甘"?"甘遂"之名,必别有其故。

"甘遂"之名,出於《神農本草》,《證類本草·草部下品之上》載之。《唐本草注》云:"真甘遂,苗似澤漆……且真甘遂皆以皮赤、肉白、作連珠、實重者良。"蘇頌《圖經本草》云:"甘遂……今陝西、江東亦有之。或云:京西出者最佳,汴、滄、吳者爲次。苗似澤漆,莖短小,而葉有汁,根皮赤、肉白,作連珠。"

案:澤漆是大戟屬植物。此云:"苗似澤漆","而葉有汁",則甘遂爲大戟屬植物,自可無疑。而此大戟屬之甘遂,以其根"皮赤、肉白、作連珠"狀者爲真、爲良。這一"甘遂"的名稱,自當從其真、良之種上求得解釋。

如今陝西產的甘遂,正是大戟屬植物的一種。其根甚長,皮色赤,肉白,節節膨大,疏密不等,作貫珠之狀。這一種,當即是所謂根作連珠的真、良的甘遂了。

《説文》:"玕,琅玕也。"又:"琅玕,似珠者。""甘"、"玕"同音之字。"甘遂"之"甘"當即"琅玕"之"玕",因爲甘遂之根也是似貫珠的。

《詩·小雅·大東》:"鞙鞙佩璲,不以其長",毛《傳》:"璲,瑞也。"鄭玄《箋》曰:"佩璲者,以瑞玉爲佩。"這即説,璲是人佩帶瑞玉。瑞玉者,用以表信之玉。佩玉必以組綬(繩狀之物)繫之。《後漢書·輿服志》:"解去載佩,留其繫璲。"見璲必繫以組綬。璲以組綬繫之,亦必如貫珠之狀。"玉"字,本來即是連貫三玉之形,可以略見佩璲之狀。"遂"、"璲"同音之字。"甘遂"之"遂",當即"佩璲"之"璲",因爲甘遂之根也是似貫玉的。

甘遂之根如貫珠,甘遂之根如貫玉,故名爲玕璲;字訛,而別作"甘遂"耳。

爲釋"甘遂",上文已足,可不必再生枝蔓。但甘遂還有幾個別名,與以下要釋的"澤漆"有關,於此不得不先略加解釋。

《名醫別録》:"甘遂,一名甘藁,一名陵藁,一名陵澤,一名重澤。"這幾個別名,仍然是由於它的根作連珠的形狀而生。

案:"睪",本爲從目之字,誤從血而爲"睪"字。《正韻》"睪"字,"姑勞切",音高,澤也。"高"、"藁"一音。是"澤"字可讀如"藁",故"藁"與"澤"通。"陵藁"即"陵澤",而"重澤"之"澤","甘藁"之"藁"亦必音義相通。

《靈樞經·經脈》王九達注曰:"睪,陰丸。"今曰"睪丸",雄性動物之藏精器官,其狀若丸。丸與珠,皆圓球之形。甘遂之別名曰"澤"、曰"藁"者,該當也是取義於其連珠狀之根。

"甘藁"者,玕睪也,謂其如玕珠;"陵藁"與"陵澤"者,謂其爲陵陸所生之睪珠;"重澤",謂其睪珠非一、重叠相連也。

總之,"澤",當讀爲"睪",謂其根若丸珠。

94. 澤漆

　　澤漆,也是大戟屬(*Euphorbia* L.)的植物,藥用其莖葉,不限一種。如今藥用者即不同。

　　"澤漆"之名,出於《神農本草》,《證類本草・草部下品之上》載之。《名醫別録》曰:"一名漆莖,大戟苗也。生太山川澤,三月三日、七月七日採莖葉,陰乾。"陶弘景《注》云:"此是大戟苗,生時摘葉有白汁,故名澤漆。"

澤漆

　　陶氏之説,似是因澤漆這一植物葉有白汁,猶如漆樹之漆汁,又生於"川澤"之中,而名"澤漆"的。然而,澤漆是大戟之苗,大戟却並不生於川澤,這就有些可疑了。

　　《唐本草注》云:"甘遂苗似澤漆。"古人採藥,並不十分嚴格,同屬植物往往互用。則甘遂之苗自亦可爲澤漆,不必專取於大戟之苗。甘遂,一名陵澤,一名重澤。"澤漆"之取名,當與"陵澤"、"重澤"有關,不必以"川澤"爲言。

　　《名醫別録》云:蜀漆"生江林山川谷及蜀、漢中,常山苗也。五月採葉,陰乾。"常山之苗曰蜀漆,而大戟之苗名澤漆,可見漆有苗義,又不必以"白汁"爲言了。

澤漆,用大戟之苗,亦可用甘遂之苗。甘遂,一名陵澤,一名重澤。"澤漆"者,謂其爲"陵澤"或"重澤"之苗耳。

今四川、漢中一帶,有一種醫生,自採藥物,爲人治病,俗謂之"草藥郎中",彼等所用的藥物,俱名某漆、某漆(字或作"七"),這又是藥物之名"漆",而非"白汁"漆液之謂。

95. 三七(山漆)

有五加科的三七(*Panax pseudoginseng* Wall.),又有菊科的三七草〔*Gynura segetum*(Lour.)Merr.〕。二者,雖然都有"三七"之名,而其取義,則各不相同。

三七

三七,是一種主止血、散血,醫治金瘡的藥物,著錄於《本草綱目》。

《本草綱目·山草類·三七》李時珍曰:"生廣西、南丹諸州番峒深山中。采根暴乾,黃黑色。團結者,狀略如白及。長者如老乾地黃,有節,味微甘而苦,頗似人參之味。"這一種,當是五加科的三七。

又曰:"近傳一種草,春生苗,夏高三四尺;葉似菊艾而勁厚,有歧尖;莖有赤稜;夏、秋開黃花,蕊如金絲,盤紐可愛，而氣不香；花乾則吐絮，如苦蕒絮；根、葉味甘，治金瘡、折傷、出血及上下血病甚效，云是三七。而根大如牛蒡根，與南中來者不類。"這一種，當是菊科的三七草。

《本草綱目》："三七，……一名山漆。"其"釋名"李時珍曰："彼人言：其葉左三右四，故名三七。蓋恐不然。或云：本名山漆，謂其能合金瘡，如漆粘物也。此說近之。"

案：五加科的三七，與人參同屬，是具有掌狀復葉的植物，不可言"左三右四"。其一名"山漆"，與"三七"一音。"三七"，當是別字，自與葉之"左三右四"無干。但是以"山漆"之"漆"作"膠漆"的意思作解者，也甚牽强。

藥名有"蜀漆"、"澤漆"，俱不作"膠漆"解。蜀、漢之醫者，有自採藥物爲人治病，其藥全用植物，而都名之曰某漆、某漆。是"漆"之一詞，可指藥物而言，爲方言之一種。此說，已見於上之"澤漆"條了。

"三七"即"山漆"。"山漆"之名，言其爲生於山中之藥草爾。菊科植物的"三七"，乃後起之名。五加科的三七，主止血、散血，用爲治療金瘡之藥。菊科植物的三七，亦主金瘡，可代真三七之用，因亦稱爲"三七"。或謂"三七"之名，取義於其葉之"左三右四"者當指菊科的三七而言。菊科植物的三七，葉有羽狀分裂，其一葉之裂片左右數目或稍有差，因而想出"左三右四"之説，以附會"三七"的名稱。

96. 爵牀

今植物，有爵牀〔*Rostellularia procumbens*（L.）Nees〕。因而又有爵牀屬（*Justicia* L.）、爵牀科（Acanthaceae）等分類名稱。

爵牀

"爵牀"一名，有些古怪，是個什麼意思呢？

《證類本草·草部中品之下》載有爵牀，《神農》曰："爵牀，味鹹，寒。主腰脊痛不得著牀、俛仰艱難，除熱，可作浴湯。"這就透露了"爵牀"名稱的取義。

當是此一藥物，治療腰脊痛不得着牀，因而名爲"爵牀"的。

"爵"、"雀"二字，古常通用；而"雀"，又常用爲"小"義。"爵牀"之義，可爲小牀。

疑或更有一種治腰脊不得着牀之藥，稱爲某牀，而此一藥爲小，因曰"爵牀"，以示區別。

《唐本草》："爵牀"，《注》云："此草似香葇，葉長而大，或如荏且細，生平澤熟田，近道傍。甚療血脹，下氣。又主杖瘡，汁塗立差。"

案:香菜及茬,皆爲脣形科(Labiatae)植物,與今之
爵牀略相彷彿。《本草》爵牀,似香菜而葉長大,又似茬
且細,大概它與今之爵牀是一致的。古時有杖脊之刑。
《唐本草注》説爵牀"主杖瘡",與《神農本草》之"主腰
脊痛不得着牀"一致。這也可見"爵牀"之名,"治腰脊
痛不得着牀"有關。

97. 牡丹(無姑、毋炖)

牡丹(*Paeonia suffruticosa* Andr.),人所習知之植
物。栽培之牡丹,有許多品種,花色繁複。牡丹之根皮
供藥用,謂之丹皮,以野生者爲良。

"牡丹"之名,《神農本草》即
已載之。但其名稱之取義,頗不
明瞭。

《證類本草·草部中品之
下》載有牡丹,《名醫別錄》曰:
"生巴郡山谷及漢中,二月、八月
採根陰乾。"這是説,秦嶺到巴山
是出産野生牡丹的地方。

牡
丹

陶弘景《注》云:"今東間亦有,色赤者爲好。"這是
説,牡丹的根皮是赤色的。當然,其根皮之非赤色者,則
不是真正好的藥用牡丹。

"赤"與"丹"同義。説真正好的藥用牡丹的根皮是

赤色的,這就透露了"牡丹"所以以"丹"爲名之故。

《唐本草注》云:"牡丹生漢中。劍南所出者,苗似羊桃,夏生白花,秋實圓綠,冬實赤色,凌冬不凋。根似芍藥,肉白皮丹,出江、劍,南土人謂之牡丹。"這又是種"凌冬不凋"的常綠牡丹,可是它的根皮仍然是赤色的。這也與"牡丹"取名於"丹"的意思有關。

如今秦嶺中確乎有野生的牡丹(*Paeonia suffruticosa* Andr.),根皮也供藥用,但不見其根皮爲顯著的赤色。藥物,是會隨人而有變遷的。古今牡丹或非同種?

總之,藥用牡丹之根皮,原是赤色的,所以有"牡丹"之名。如今的牡丹,與原來藥用的牡丹是否一物,雖不能確知,而它總是頂着原來根皮赤色的牡丹的名稱來的。

"牡丹",因其根皮赤色而得名,那個"牡"字又是什麼意思呢?

古人的話:"飛曰雌雄,走曰牝牡。"析言之,分飛禽、走獸;統而言之,則牝牡又即雌雄。在於植物蘇之雄株謂"牡蘇"。然牡丹爲兩性之花,不得以"牝牡"言之。

植物有"無姑"、"毋杶"等名,其曰"無"或"毋",都是發語之詞,沒有任何意思。"牡"與"無"或"毋"音近之字,在植物名稱中,該當也是發語詞,不可强求解釋。如"牡荆"具有兩性花,若以"牡"字爲雄性之義,就講不通了。

“牡丹”者,以其根皮之赤丹而爲名,“牡”字無義。其“丹”名之上,之所以必帶一“牡”字之發語詞者:一,因單字之名呼唤不便;二,因别有藥物亦或名“丹”——如“丹砂”即常以“丹”爲名,不加“牡”字無以區别。

98. 牡荆

藥名有“牡丹”、“牡桂”、“牡荆”。“牡丹”,以其根皮之赤色而得名;“牡”爲發語之詞,没有意思。這已於“牡丹”條中説過了。“牡桂”、“牡荆”的“牡”,該當也是發語詞。

這裏,單講“牡荆”之“荆”字的取義。

牡荆,藥用其菓實,《本草》稱爲“牡荆實”。今以 *Vitex negundo* L. var. *cannabifolia*（Sieb. et Zucc.）Hand.-Mazz. 爲牡荆,與《本草》所記者未必全然相合。《本草》所記之牡荆,非只一種,大概以今牡荆屬（*Vitex* L.）植物爲主。當先略考牡荆之爲物,然後再釋其名。

《證類本草·木部上品》載有“牡荆實”,《名醫别録》曰:“牡荆實,生河間、南陽、冤句山谷,或平壽、都鄉高岸上,及田野中。”陶弘景《注》云:“河間、冤句、平壽並在北,南陽在西。”按陶弘景居於茅山,在今江蘇,故以河北、山東之河間、冤句、平壽在北,而以豫、楚之間的南陽在西。實際上,他是説牡荆一藥有南、北之不同的。這就可見,藥用牡荆不必專指一種。

陶《注》又説：“牡荆子，及（當是“乃”字之誤）出北方，如烏豆大，正圓，黑。”這一牡荆，乃是北方之種。今北方的“荆條”〔*Vitex negundo* L. var. *heterophylla* (Franch.) Rehd.〕果實圓形，黑色，該即陶氏所説的北方牡荆，可見北方“荆條”的果實，也是供藥用的。

“荆條”者，荆之條也。北方以荆之枝條堅强，爲編製各種農具之用，故俗稱爲“荆條”。其實，它的名稱即是“荆”。

《管子·地員》説北方大平原中“息土”的木“宜楚、棘”，而“楚”即“荆”。在北方大平原中的“荆”，當然即如今的“荆條”，這又可見“荆”是一單獨的名稱。

“牡荆”的“牡”是發語詞，“荆”是本名。現在，只解釋“荆”字的意思，就夠了。

取名於“荆”者，因其枝條堅强之故。

下頭，引用清人王念孫《廣雅疏證》的一段話，解釋“荆”爲堅强之義。

《廣雅·釋訓》：“行行，更更也。”王氏《疏證》云：

　　《論語·先進》篇：“子路行行如也”，《注》云：“行行，剛强之貌。”更更，讀如庚庚。《釋名》云：“庚，更也，堅强貌也。”《説文》：“庚，位西方，象秋時萬物庚庚有實也。”徐鍇《傳》云：“庚庚，堅强之皃。”庚與更通。行行、更更，聲相近，皆强貌也。“更更”下，蓋脱“强”字。

這是説，“行”、“更”或“庚”聲音相近，而義可相通，都是堅强的意思。

　　“庚”、“更”、“行”與“荆”，都是音近之字。“荆”字以“刑”爲聲，而“刑”與“行”又爲一音。“行行”，堅强之貌，則“荆”本爲堅强之木。其名曰“荆”，自然也是堅强之義。

　　《戰國策·魏二》：“楚王登强臺而望崩山。”一本“强”作“荆”。可見“荆”與“强”也是音近之字，故其義可通。

99.桔梗

　　植物有桔梗〔*Platycodon grandiflorus*（Jacq.）A. DC.〕，因而又有桔梗屬（*Platycodon* A. DC.）、桔梗科（Campanulaceae）、桔梗目（Campanulales）等分類名稱。

　　“桔梗”名稱的取義何在？這，却不易爲解。

桔梗

　　“桔”字，在字書只有“桔梗——藥名”、“桔槔——井上轆轤”或“烽火”以及地名等解釋，都與“桔梗”名稱之取義無關。

　　“梗”字，在植物名稱上可用爲“刺”義，如刺榆一名梗榆；然而桔梗無刺，不能爲解。

　　“桔梗”名稱的取義，必須另求

解釋。

"桔梗"的名稱甚古,其最古者,出於《戰國策》。《戰國策·齊三》:"今求柴葫、桔梗於沮澤,則累世不得一焉;及之睪黍、梁父之陰,則郄車而載耳。"意思是説:桔梗是山地所生的植物,在沮澤下濕的地方尋找不見,若到睪黍、梁父二山之陰,就可以用空車去裝載。這一桔梗,與如今的桔梗的山生情況是一致的。

和州桔梗

《證類本草·草部下品之上》載有桔梗,《名醫別録》云:"生嵩高山谷及冤句。"這桔梗也是山草。又載蘇頌《圖經本草》的"和州桔梗"圖,與今桔梗無異。蘇頌之説云:"春生苗,莖高尺餘。葉似杏葉而長橢,四葉相對而生。……夏開花,紫碧色。"這正與如今的桔梗相符合。

由此可見,桔梗一物,古今應是一種。藥用或有代品,亦或用薺苨之類混作桔梗者,則非其真耳。

《唐本草注》謂薺苨與桔梗"皆一莖直上"故相亂。這"一莖直上"的形容,與如今的桔梗也相符合。

"桔梗"之爲名,該當即是取義於其"一莖直上"。

案:"桔"與"稭",一音之字。《説文》:"稭,禾藁。"《玉篇》:"藁,禾稈也。"《韻會》:"禾莖爲藁,去皮爲稭。"是"稭"、"藁"、"秸"都是同義之字。"秸"與"稭"

音義都該相通，而强分其去皮與不去皮耳。"桔梗"之
"桔"該是"秸"或"稭"之借字，當爲莖稈之義。

《爾雅·釋詁》："梏、梗、較、頲、庭、道，直也。"郭璞
《注》云："皆正直也。"《詩·小雅·大田》説種莊稼的
事，而曰："播厥百穀，既庭且碩。"其"庭"訓"直"，當是
播種的行列正直，是狀物之詞。"梗"之訓"直"，也當可
以用爲狀物之詞。

今桔梗之莖直立，即是所謂"一莖直上"。"桔梗"
之得名，當是以其莖稈直立之故。

100. 牡桂

藥用的桂，大概都是樟屬(*Cinnamomum* Bl.)植物。
牡桂，也是其中之一。

"牡桂"這一名稱，當與"牡丹"、"牡荆"一例，"牡"
字無義而爲一發語之詞。"桂"者，以其葉形如圭而
得名。

《證類本草·木部上品》"桂"下載有陶弘景《本草
注》云："按《本經》惟有菌、牡二桂，而桂用體大同小異，
今俗用便有三種。以半卷多脂者單名桂，入藥最多，所
用悉與前説相應。"這是説桂有三種，而其用效是大同
小異的。

《唐本草注》云："菌桂，葉似柿葉，中有縱紋三道，

表裏無毛而光澤。牡桂，葉長尺許。"這又説明了菌桂與牡桂的分別。

陳藏器《本草拾遺》云："菌桂、牡桂、桂心，以上三色，并同是一物。按桂林、桂嶺，因桂爲名。今之所生，不離此郡。從嶺以南際海盡有桂樹，惟柳、象州最多。味既辛烈，皮又厚堅。土人所採，厚者必嫩，薄者必老。以老薄爲一色，以厚嫩者爲一色。嫩既辛香，兼又筒卷；老必味淡，自然板薄。板薄者，即牡桂也；以老大而名焉。筒卷者，即菌桂也；以嫩而易卷。古方有筒桂，字似菌字，後人誤而書之，習而成俗，至於書傳，亦復因循。桂心，即是削除皮上甲錯，取其近裏辛而有味。"這把桂之三色説得很清楚，謂三者同爲一物。

蘇頌《圖經本草》云："《爾雅》但言'梫，木桂'一種，郭璞云：'南人呼桂厚皮者爲木桂。'蘇恭以謂牡桂即木桂，及單名桂者是也。今嶺表所出，則有筒桂、肉桂、桂心、官桂、板桂之名，而醫家用之罕有分別者。"這樣，桂的品色又多出來了，而醫用却又無别。

總之，古人之所謂種者，未必恰如今日植物學上所謂稱之種；而其所謂各色者，亦未必不是同種植物之産品。還是可以認爲"牡桂"即桂，而"牡"字乃是一個發語之詞的。

陳藏器以桂之板薄者爲牡桂，是因爲老大而得名的。這一説法非是。

"牡"，本"牝牡"之字，可申引而爲壯大之義，未聞有訓“老大”者。

蘇恭以爲牡桂即木桂。或者有謂“牡”爲“木”義，亦非是。

桂，都是木本植物，無有草桂，何必別爲木桂？“牡”、“木”一音之字，故可通用，皆表示其聲音，以爲發語之詞耳。

101. 酢漿草(酸漿草)

酢漿草(*Oxalis corniculata* L.)，今有俗名曰“三葉酸”，是因爲這種植物有酸味而葉具有三個小葉的緣故。

“酢漿草”之名見於《唐本草》。

《證類本草·草部下品之下》載《唐本草》曰：“酢漿草，味酸，……生道傍。”《唐本草注》云：“葉如細莾，叢生，莖頭有三葉。”又載蘇頌《圖經本草》云：“酢漿草，俗呼爲酸漿。舊不載所出州土……今南中下濕地及人家園圃中多有之，北地亦或有生者。葉如水萍，叢生，莖端有三葉，葉間生細黃花，實黑。”案：各《本草》所載之酢漿草，與今者無異。所謂“莾”或“水萍”，當指今之田字草(*Marsilea quadrifolia* L.)而言，因田字草有“蘋”名，而“蘋”、“莾”、“萍”三名又嘗混用之故。謂“莖頭有三葉”或“莖端有三葉”者,即言其葉柄之頂端有三小葉也。《圖經本草》所繪“酢漿草”之圖,與如今的酢漿草也相一致。

　　酢漿草,朱橚《救荒本草·草部·葉可食》稱爲“酸漿草”。他所繪“酸漿草”的圖,甚爲清晰,正是如今的酢漿草。

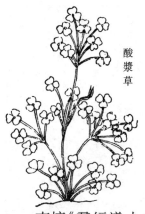

酸漿草

　　朱橚也説:“酸漿草,《本草》名酢漿草。”他在“酢”字下有小字注云:“與醋字同。”他的意思是,酢即酸字,故從俗作“酸漿草”而不用本草之名。

　　今以“酸漿”之名已用於茄科植物之上,故通用《本草》“酢漿草”之名。

　　李惇《羣經識小·補遺》云:“醋、酢二字,經典多混。《説文·酉部》醋字下云:‘客酌主人也,從酉昔聲。’此酬醋之醋也。入聲酢字下云:‘醶也,從酉乍聲。’此醶酢之酢也。去聲酸字下云:‘酢也。’酨字、醶字下並云:‘酢漿也。’今以酢爲酬醋之醋讀作入聲,以醋爲醶酢之酢讀作去聲,音義俱相反矣。”這是説,醋和酢字古今的用法顛倒了。如今用酸酢的醋字,古時當“酬酢”的意思用,而酢字乃本是“酸醋”的

酢漿草

“醋”字。

“酢漿草”，因其植物有酸液而得名，正是用古義“酸酢”的“酢”字。“酢”，今用作醋，故《救荒本草》“酢”字注云“與醋字同”。

102. 馬兜鈴（馬兜零）

馬兜鈴的學名 *Aristolochia debilis* Sieb. et Zucc.，見於松村任三《植物名匯》。松村於漢名“馬兜鈴”之下注以“本”字，謂此名稱出於《本草》。今檢諸家《本草》關於馬兜鈴之記述及其所繪之圖，與今馬兜鈴（*Aristolochia debilis*）並不甚合，只有朱橚《救荒本草》所繪之圖與今者一致。松村所定馬兜鈴之學名恐是（或間接是）本於《救荒本草》。

馬兜鈴

“馬兜鈴”之名見於《開寶本草》，《證類本草·草部下品之下》載之。《救荒本草》作“馬兜零”。

《救荒本草·草部·葉可食》曰：“馬兜零，根名雲南根，又名土青木香。生關中及信州、滁州、河東、河北，江、淮、夔、浙州郡皆有，今高阜去處亦有之。春生苗如藤蔓；葉如山藥而厚大，背白；開黃紫花，頗類枸杞花；結實如鈴，作四五瓣，葉脫時鈴尚垂之，其狀如馬項鈴，故得名。"案:朱橚對於馬兜鈴這些記述,多是鈔襲蘇頌《圖經本草》,與所繪之圖不盡符合。其所解釋馬兜鈴的名稱的文字,則鈔自寇宗奭《本草衍義》。

《本草衍義》曰:"馬兜鈴,蔓生,附木而上,葉脫時鈴尚垂之,其狀如馬項鈴,故得名。"這是"馬兜鈴"名稱較早的解釋。這一解釋是對的。

"馬兜鈴",即是因爲它的果實像馬頸項上所懸掛的鈴而得名的。

舊時馬騎,於馬的頸項上懸掛一串近於圓形的小鈴以警行人。馬兜鈴的果實與此鈴相似。這樣的馬項鈴如今已罕見了。

案"兜"字有頭義,而無頸項之義。《説文》:"脰,項也。"《玉篇》:"脰,頸也。"脰有頸項之義,與"兜"一聲。"馬兜鈴"當即"馬脰鈴"。"兜"者,"脰"之假借字。

其作"馬兜鈴"者,自是譌誤之名。然其譌誤亦有所因。

馬兜鈴

《辭源》載有"兜零"一詞,其解釋:"《史記》七七《魏公子傳》'而北境傳舉烽',《集解》引文穎:'作高木櫓,櫓上作桔橰,桔橰頭兜零,以薪置其中,謂之烽。'《後漢書·光武紀》建武十二年'修烽燧',注引《廣雅》:'兜零,籠也。'""兜零"是一種器具之

名。因有"兜零"之成語,遂誤書"馬脰鈴"爲"馬兜
鈴";又因知"零"之當作"鈴"改爲"馬兜鈴",而"兜"則
未及改也。亦因積習難反。今"馬兜鈴"已習用,亦不
便改作"馬脰鈴"了。

《本草》中所記馬兜鈴之産地,南北都有,可知其藥
用者已非一種。如今藥用的馬兜鈴,有産於北方者,即
Aristolochia contorta Bge. 也。

103. 獨行根

《唐本草》中有"獨行根",《證類本草·草部下品之
下》載之。這"獨行根",即是馬兜鈴植物的根。

《唐本草注》云:獨行根"蔓生,葉似蘿藦。其子如
桃李,枯則頭四開,懸草木上。其根扁,長尺許,作葛根
氣,亦似漢防己。生古堤城傍,山南名爲土青木香。"
案:土青木香,即馬兜鈴之根,見於"馬兜鈴"條。《注》
對於獨行根植物形狀的描述,也是馬兜鈴。

《證類》"獨行根"下,又載掌禹錫等引《蜀本草圖
經》云:"蔓生,葉似蘿藦而圓且澀,花青白色,子名馬兜
零,十月已後頭開,四系若囊,中實似榆莢。二月、八月
採根,日乾。所在平澤草木叢林中有。"這一描述,更爲
顯然,且已明言獨行根之子(菓實)即是馬兜鈴了。

"馬兜鈴"之名見於《開寶本草》,在《開寶》之前的
《蜀本草》則作"馬兜零"。"馬兜零",又或簡稱"兜

零",《唐本草注》即是説獨行根"一名兜零根"的。

　　"兜零"、"獨行",一聲之轉,藥名常用別字,故"兜零根"轉别而爲"獨行根"。

植物名釋札記卷中

104. 馬鈴薯

馬鈴薯（*Solanum tuberosum* L.）的名稱，見於松村任三《植物名匯》。松村氏於漢名"馬鈴薯"下注有"松溪縣志"字樣，示此名稱之所本。

"馬鈴"者，即馬頸項之鈴，與"馬兜鈴"的意思一樣。馬鈴薯的塊莖橢圓形，頗似昔時馬騎頸項上所懸掛的鈴，因名馬鈴薯（參看"馬兜鈴"條）。

105. 鬱臭苗

"鬱臭苗"之名，出於朱橚《救荒本草·草部·葉可食》。視朱橚所繪鬱臭苗之圖，即今之夏至草〔*Lagopsis supina*（Steph.）Ik.-Gal.〕也。

朱橚於文中説："鬱臭苗，《本草》'茺蔚子'是也，一名益母……"等語，不無問題。這是《本草》中所記的茺蔚有時與鬱苗相混的緣故。但是朱橚所見的鬱臭苗，確是今之夏至草，而非今之益母草（*Leonurus sibiricus* L.）。

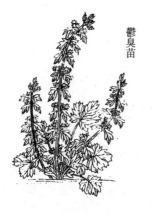

鬱臭苗

《救荒》之文,於引用《本草》之後,有言曰"莖方,節節開小白花,結子黑茶褐色"者,乃是描寫他所見的鬱臭苗的,與圖相合,正是如今的夏至草。

《廣雅·釋器》:"鬱,臭也。"《禮記·內則》:"鳥黱色而沙鳴,鬱。"鄭《注》:"鬱,腐臭也。""鬱臭"複語,義即臭味。夏至草有臭味,故名之爲"鬱臭苗"。

106. 夏至草(夏枯草)

夏至草〔*Lagopsis supina* (Steph.) Ik. -Gal. 〕,即是《救荒本草》中的"鬱臭苗"。

"夏至草"之名,原不見於經傳。早年,我在《北平國立天然博物院植物園栽培及野生植物名錄》[一]中用了這個名稱。到如今,這個名稱卻已用得很普遍了。這個"夏至草"的名稱是什麽意思呢? 今天只好由我來説明。

在當時,我不知有"鬱臭苗"的名稱。這種植物,在夏至節氣前後就枯死了,因而它也有"夏枯草"的俗名。可是夏枯草一名,已用在另一種植物上了,就擬了"夏

〔一〕 載於《國立北平研究院院務匯報》,1931 年。

至草"這個名稱,意思暗示它是到夏至而枯死的草。但是彼時没有作出解釋,也没注明它是新擬的名稱。這是我的疏漏。

"鬱臭苗"的名稱,字兒筆畫多,意思也不容易瞭解。"夏至草",筆畫較簡,又用得普遍了。我作了檢查,爲它補作了解釋,還是用"夏至草"這個名稱吧。

107. 杠柳(羊桃)

杠柳(*Periploca sepium* Bge.)即朱橚《救荒本草》中的"木羊角科"。

《救荒本草・木部・葉及實皆可食》所繪木羊角科的圖很清楚,有枝葉及果實,正是如今的杠柳。其説,也與杠柳相合。

《救荒》曰:"木羊角科,又名羊桃科,一名小桃花。生荒野中。紫莖,葉似初生桃葉,光俊,色微帶黄。枝間開紅白花。結

木羊角科

角似豇豆角,甚細而尖觥,每兩角並生一處。"這些描寫與杠柳一致。杠柳,至今在河南及山西南部還有"羊桃"之名。

杠柳"杠"字,字書訓解未有與其植物相關者。《救荒》説木羊角"結角似豇豆",又説"每兩角並生一處",

正是杠柳果實的形狀。疑"杠柳"之名，即是因其果實似豇豆。

　　杠柳的葉形似桃，故有"羊桃"或"羊桃科"之名。凡葉似桃者亦可言其似柳。此植物葉似柳而果實似豇豆，即可能有豇豆柳之名。豇豆柳，簡稱豇柳，又因其是木非豆，遂有"杠柳"之名。這是可以想到的。若是拘於"杠"字，"杠"古訓"牀前橫木"，則無法解釋了。

108. 雲葉

　　植物有雲葉（*Euptelea pleiospermum* Hook. f. et Thoms.），因而植物學中又有雲葉屬（*Euptelea* Sieb. et Zucc.）及雲葉科（Eupteleaceae）等分類名稱。

　　賈祖璋、賈祖珊合編《中國植物圖鑑》"雲葉"名下注有"本草綱目"字樣，意謂"雲葉"之名出於《本草綱目》。今查《綱目》無有"雲葉"之名。《植物學大辭典》

雲葉

"雲葉"下曰："名見《救荒本草》。"今檢《救荒本草》，亦無"雲葉"之名。《救荒本草》中無有"雲葉"之名，却有"雲桑"一種。恐是"雲葉"爲"雲桑"之誤？

　　《救荒本草》的"雲桑"，在《木部·葉可食》部份，其所繪"雲桑"的圖，與今之"雲葉"略有相似；其説有云:"開細青黃花",也與今之"雲葉"
不相違異。很有可能,這"雲桑"即
是"雲葉"。

雲桑

《救荒本草》"雲桑"條曰:"生密
縣山野中。其樹,枝葉皆類桑,但其
葉如雲頭花叉,又似木欒樹葉微闊;
開細青黃花。其葉微苦。"這一描寫,
已是説明這種植物爲什麽叫作"雲
桑"了。既然已經説明因爲枝葉類桑而葉又有雲頭形
的缺裂名爲"雲桑"的,其不名"雲葉"可知。説"雲葉"
之名出於《救荒本草》,該當是個錯誤。

説"雲葉"之名出於《本草綱目》者,恐是因有"救荒
本草"之説而又再誤的。

桑樹之葉,供養蠶之用,俗有簡稱桑葉爲"葉"者。
或竟簡稱桑樹爲"葉"? 如此,則"雲桑"或亦可稱爲"雲
葉"? 但未見早期的記述有稱"雲葉"者耳。

109. 豇豆(蹉躞、胡豆、佛豆)

"豇豆"之名,見於朱橚《救荒本草》。《救荒本草·
米穀部》所作"豇豆苗"之圖與説,與如今栽培的豇豆
〔*Vigna sinensis*(L.)Savi〕無異。

"豇豆"這一名稱,是個什麽意思? 單從"豇"字上
看,很不容易瞭解。李時珍以爲豇豆即是《廣雅》所説

的"䜴蕷",而爲之作了解釋。

豇豆苗

豇豆

《本草綱目・穀部第二十四卷》載有豇豆,別名謂之"䜴蕷"。李時珍曰:"此豆紅色居多,莢多雙生,故有'豇'、'䜴蕷'之名。《廣雅》指爲胡豆,誤矣。"這就是李氏對"豇豆"名稱的解釋。

案:豇豆是自外引入的栽培植物,"䜴蕷"之名見於魏人張揖所作的《廣雅》。《廣雅・釋草》説:"胡豆,䜴蕷也。"大概是豇豆先有"胡豆"之名,而後又因其豆紅莢雙而名"䜴蕷",後更由"䜴蕷"而簡稱"豇豆"。李時珍解釋"豇豆"的名稱爲是,而説《廣雅》誤指䜴蕷爲胡豆,則非。張揖所説的"胡豆"與李時珍所説的"胡豆"不是一種。

漢時之人,嘗稱異族、異地爲"胡",凡引入的植物嘗予以"胡"名。豆之以"胡"爲名者不一,如豌豆也有"胡豆"之名。李時珍以蠶豆爲胡豆(見《綱目・蠶豆》),故以《廣雅》爲誤。

蠶豆引入較晚。宋人的《益部方物記》稱蠶豆爲
"佛豆"。"佛"、"胡"音近,或有以"佛豆"作"胡豆"者,
當即李時珍之所本。

110. 眉豆(眉兒豆)

藊豆(*Dolichos lablad* L.)今俗有"眉豆"之名,朱橚
《救荒本草》作"眉兒豆",並爲這一名稱作了解釋。

《救荒本草·米穀部·葉及
實皆可食》載有"眉兒豆苗",圖與
今之藊豆無異。其説云:"結匾
角,每角有豆止三四顆,其豆色黑、
匾,而皆白眉,故名。"

眉兒豆苗

案:《救荒》之所謂"白眉"者,
指此豆之種臍而言。藊豆之種臍
長形、白色,猶如眉毛之狀,因有
"眉兒豆"或"眉豆"之名。

111. 錦雞兒(欛齒花)

錦雞兒〔*Caragana sinica*(Buc'hoz)Rehd.〕,爲開
黃花而有棘刺的植物。

"錦雞兒"的名稱,見於朱橚《救荒本草》。

《救荒本草·木部·花可食》載有"欛齒花",其圖

櫔齒花

與今之錦雞兒無異。其説云：“櫔齒花，本名錦雞兒花……開黄花，狀類雞形。”這實際上已爲“錦雞兒”的名稱作了解釋。

案：豆科植物的花，説它是“狀類雞形”，未嘗不可。朱橚的解釋可能是對的。但是，此種植物開黄花而有顯著的棘刺，把它名爲“金刺”，也未嘗不可。或者，“錦雞”是“金棘”的訛别，也未可知。

“櫔齒”，也是棘刺的意思。櫔，是一種農具，其上多齒刺，故植物之多刺者以之爲名。

112. 黄連樹（黄鸝茶、黄連茶）

黄連樹（*Pistacia chinensis* Bge.），葉有苦味，嫩芽用以代茶，稱爲“黄連茶”（或作黄鸝茶，乃黄連茶之訛）。黄連，苦藥。此樹名“黄連”者，當是因其葉味苦。

朱橚《救荒本草・木部・葉可食》作“黄楝樹”。説：“黄楝樹，生鄭州南山野中。葉似初生椿樹葉而極小，又似楝葉，色微帶黄……

黄楝樹

葉味苦。"似是以葉"又似楝葉，色微帶黃"暗示"黄楝樹"爲名之取義者？

　　案：此樹之葉初生誠然似椿，而並不似楝，《救荒》之言，未免强説。

113. 扯根菜

　　景天科植物有扯根菜（*Penthorum chinense* Pursh）。"扯根菜"的名稱見於朱橚《救荒本草·草部·葉可食》。

　　《救荒本草》所繪"扯根菜"之圖與今者無異。其説曰："扯根菜，生田野中。苗高一尺許。莖色赤紅。葉似小桃紅葉，微窄小，色頗緑；又似小柳葉亦短而厚窄，其葉周圍攢莖而生。開碎瓣小青白花。結小花蒴，似蒺藜樣。葉苗味甘。"所記，也正是如今的扯根菜。惟"扯根"之名，則無着落。

　　今視扯根菜之根是鬚根，與"扯根菜"的名也説不上關係。疑"扯根"乃"赤梗"之訛别？此植物之梗（即莖）赤紅色，因名"赤梗菜"，又因"赤"、"扯"音近，"梗"、"根"音近，而訛别爲"扯根菜"耳。植物名稱之訛别者甚多，此不足怪。

114. 白屈菜

白屈菜（*Chelidonium majus* L.），見於朱橚《救荒本草》。《救荒本草·草部·葉可食》載有"白屈菜"。其圖與説，皆與今者無異。

白屈菜

　　"白屈菜"這個名稱，從字面上看很難瞭解。《救荒本草》中多用地方名稱，這一名稱當是某地的土名，有其音而別爲之字耳。

　　疑其名當是"白苣菜"，別作"白屈菜"。"苣"是苦菜（*Sonchus arvensis* L.），今俗亦呼爲"苣苣菜"（讀若屈屈菜）。此一植物之苗葉略似苦菜而色白，即《救荒》所言"莖葉皆青白色"者，因有其名。

115. 千屈菜

今植物有千屈菜（*Lythrum salicaria* L.），因而在植物學中又有千屈菜屬（*Lythrum* L.）、千屈菜科（Lythraceae）等分類名稱。"千屈菜"這個名稱，是個什麼意思，很不好瞭解。

　　"千屈菜"之名出於朱橚《救荒本草·草部·葉可食》。大概也與"白屈菜"一樣，是地方土名，示其名之聲音若此而已。

疑“千屈”當作“茜苣”。“千屈
菜”者，言其花爲茜色之苣菜，與
“白屈菜”爲白色之苣菜一例。
“茜”者，淺紅色。此植物之花淺紅
色，可食如苣，故名“茜苣菜”，因
“茜”與“千”音近，“苣”與“屈”音
近，故訛別爲“千屈菜”耳。

千屈菜

　或者會有人以爲這個“茜”字
太文，俗名未必如此？亦可能以“白屈”爲“百屈”。遂
以此爲“千屈”了。這也有理。不過，文言所用字，也常
出於俗語之中，“千屈”原爲“茜苣”之説，非不可能。

116. 柳葉菜

　今植物有柳葉菜(*Epilobium hirsutum* L.)，又有柳葉菜
屬(*Epilobium* L.)、柳葉菜科(Oenotheraceae)等分類名稱。

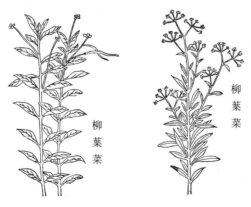

柳葉菜

柳葉菜

　　"柳葉菜"的名稱本於朱橚《救荒本草·草部·葉可食》。"柳葉菜"的名稱容易瞭解,由《救荒本草》的記載即已明瞭。《救荒本草》曰:"柳葉菜,生鄭州賈峪山山野中。苗高二尺餘,莖淡紅色,葉似柳葉而厚短,有澀毛。"以其"葉似柳葉"故名"柳葉菜"。本不必作此解釋,聊記其出處。

117. 費菜

　　費菜,見於朱橚《救荒本草》。

　　《救荒本草·草部·葉可食》所記載費菜之圖及說確爲景天屬(*Sedum* L.)植物。與今之費菜(*Sedum aizoon* L.)甚爲相近。用今之學名爲費菜者爲松村任三,見其所著之《植物名匯》。然景天屬植物相近之種甚多,《救荒》之費菜與《名匯》之費菜相近,未必即是同種。

費菜

　　"費菜"之名,頗爲費解,久而不得其義。後於夏日,見有用景天屬植物苗葉之液汁治療痦子者,謂其可以止痒,因疑"費菜"之名當與此有關。"費"、"痦"一音。"費菜"的名稱,當是謂其可以治痦。

118. 牻牛兒苗（鬥牛兒苗）

　　牻牛兒苗，見於朱橚《救荒本草》。《救荒本草》之牻牛兒苗，即今之太陽花（*Erodium stephanianum* Willd.）。松村任三《植物名匯》以 *Geranium nepalense* Sweet 爲《救荒本草》之牻牛兒苗，非是。松村《名匯》又以 *Erodium cicutarium* L. 爲牻牛兒科，近之。但"牻牛兒科"之名，未注所出，不知從何而來。

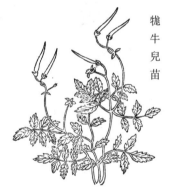

牻牛兒苗

　　"牻牛兒苗"的名稱是何取義？看《救荒本草》可知。

　　《救荒本草》曰："牻牛兒苗，又名鬥牛兒苗……開五瓣小紫花，結青菁葵兒，上有一嘴甚尖銳，如細錐子狀，小兒取以爲鬥戲。"

　　案：牻牛兒苗一名"鬥牛兒苗"，所謂小兒取其尖嘴狀之菓實以爲鬥戲者，當言其爲鬥牛之戲。此戲，當是以其植物之菓實尖銳如牛角之狀，小兒持之如牛之相觝觸者以爲戲耳，故有"鬥牛兒苗"之稱。北方俗呼雄牛爲"牻牛"。牻牛好斗，故"鬥牛兒苗"又轉而爲"牻牛兒苗"。

119. 雞眼草（掐不齊）

豆科植物有雞眼草〔*Kummerowia striata*（Thunb.）Schindl.〕,俗名"掐不齊"。

"雞眼草"之名,見於朱橚《救荒本草》。《救荒本

雞眼草

草·草部·實可食》曰:"雞眼草,又名掐不齊。以其葉用指甲掐之,作劃不齊,故名。生荒野中,塌地生,葉如雞眼大,似三葉酸漿葉而圓,又似小蟲兒卧單葉而大,結子小如粟粒,黑茶褐色。"其曰"葉如雞眼大",當是已暗示"雞眼草"名稱的取義了。

案:雞眼草,葉的大小誠似雞眼,而形狀却與雞眼不甚相似。《救荒》解釋"掐不齊"的名稱甚爲明白,而對於"雞眼草"的名稱,只暗寫一句,大概他也有些懷疑。

120. 舜芒穀

"舜芒穀",見於朱橚《救荒本草》,名稱特殊。

《救荒本草·米穀部·葉及實皆可食》載有"舜芒穀",其説云:"舜芒穀,俗名紅落藜。生田野及人家舊莊窠上多有之。科苗高五尺餘。葉似灰菜葉而大,微帶

紅色,莖亦高粗,可爲拄杖,其中心葉甚紅,葉間出穗。結子如粟米顆,灰青色,味甜。"又《救饑》云:"採嫩苗葉,晒乾,揉去灰,煠熟,油鹽調食。子可磨麵,做燒餅、蒸食。"案此說與其所繪之圖,似是如今的雜配藜(*Chenopodium hybridum* L.)。

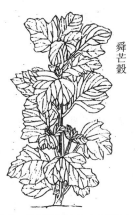

舜芒穀

　　此植物之所以名"穀"而列入"米穀部"者,以其種子可食。"舜芒"之名於其植物上無徵。其植物無芒刺,爲何而名之爲"舜芒"?"舜芒"二字當是別寫。

　　此種野生植物,種子雖然可食,只供救荒之用,究非穀類,而名"舜芒穀"者,必與貧民有關。"舜芒穀",大概即是"順民穀"的別寫,謂順馴之民所食之穀耳。"民"、"氓"義同而音近,可知"舜芒"即"順民"。

　　封建社會,貧苦農民所生的糧食被剝削了,只好吃些野菜、草子,這即是所謂順民所食之穀呵!

121. 荃皮(全皮、爨皮)

　　荃皮(*Jasminum giraldii* Diels)之名,見於《種子植物名錄》。這是陝西土名。

　　范紫東《關西方言鈎沉》:"芳香謂之爨。音竄。"是

"欓"爲香義,乃陝西的方言。

荃皮(*Jasminum giraldii* Diels)的根皮供製香料之用,故秦嶺中稱爲"欓皮"。今因"欓"字筆畫過多,爲便於書寫而作"荃皮"。一者,因"荃"是香草,作"荃"不失香義;二者,商品之名或作"全皮",作"荃"與通用的名稱相近。

122. 耬斗菜

"耬斗菜"之名,見於朱橚《救荒本草》。耬斗菜屬(*Aquilegia* L.)植物,今有數種皆名耬斗菜,《救荒本草·草部·葉可食》所載乃其一種。

耬是播種所用的農具。《廣韻》:"耬,種具。"《正字通》說"耬"字較詳,其言曰:"耬,下種具,一曰耬車。狀如三足,犁中置耬斗藏種,以牛駕之,一人執耬,且行且搖,種乃隨下。""耬斗"之名,又見於此。

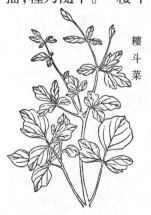

耬斗菜

播種之耬,有斗有足。斗爲盛種子之器。耬斗有三足(或二足),足如長管,中空,與耬斗相通,用時插入土中,且行且搖,種子隨下,播入土中。此種農具,在北方農村中甚普通,至今尚用。

"耬斗菜"之花,萼、瓣四合

若耬之有斗,其瓣基部之長距若耬斗之足,故有其名。《救荒本草》多用地方土名。"耬斗菜"正是農村的土名。

123. 馬棘(狼牙)

或有以槐藍(*Indigofera pseudotinctoria* Mats.)爲馬棘,而以槐藍屬(*Indigofera* L.)爲馬棘屬者,這是錯誤的。

"馬棘"之名,原見於朱橚《救荒本草》。《救荒本草》所載馬棘之圖,葉形略似槐藍,因而致誤。

馬棘

今視《救荒》馬棘之圖,其植物之莖間具有刺針,所繪甚爲明晰。槐藍屬植物之小葉雖略作小針形而並非刺針,《救荒》中的馬棘,具顯明之刺針,故知其決非槐藍。

又視《救荒》中所繪之馬棘,葉常十三個小葉,並其莖間刺針之狀,似是今之狼牙刺(*Sophora viciifolia* Hance)。《救荒》説:"馬棘,生滎陽岡野間。科條高四五尺。葉似夜合樹葉而小,又似蒺藜葉而硬,又似新生皂莢,科葉亦小。梢間開粉紫花,形狀似錦雞兒花,微小,味甜。"所記,與今狼牙刺不相違異。

"狼牙"、"馬棘"都當是指其刺針而言。馬,有大義;棘者,刺也。非有顯著針刺之植物,不會叫作"馬棘"。

124. 虞美人（舞草、御米花）

今多以罌粟屬(*Papaver* L.)之麗春花(*Papaver rhoeas* L.)爲"虞美人"。這是個錯誤。其誤,出於清初人陳淏子。

其先,"虞美人"原爲舞草之別名。項籍有美人曰虞姬。籍困於垓下,爲"虞兮虞兮奈若何"之歌,虞姬起舞,故有曲名"虞美人",而舞草以人對之歌其葉動若舞亦有別名"虞美人"。"虞美人"之名原與麗春花無干。

唐段成式《酉陽雜俎》卷十九《廣動植類之四》:"舞草,出雅州。獨莖三葉,葉如決明,一葉在莖端,兩葉居莖之半相對。人或近之歌,及抵掌謳曲,必動葉如舞也。"這是"舞草"在我國載籍中較早的文獻。

案:古人對於植物之葉不分單、複,視複葉之小葉亦統曰葉,而常以複葉之葉柄爲莖。《雜俎》所謂"獨莖三葉"者,乃是具有三小葉之植物。又曰"如決明"者,謂其小葉如決明葉之狀。曰"一葉在莖端,兩葉居莖之半相對"者,顯然具有三小葉的奇數羽狀複葉。此草當爲豆科植物。人或向之謳歌而其葉舞動,與今之舞草〔*Desmodium gyrans*(L.) DC.〕一致。《酉陽雜俎》之"舞草”即非今舞草之同種,亦必爲其相近之種。

宋人沈括於《夢溪筆談·樂律一》説:“高郵人桑景舒,性知音,聽百物之聲,悉能占其災福,尤善樂律。舊傳有虞美人草,聞人作《虞美人》曲則枝葉皆動,他曲不然。景舒試之,誠如所傳。”這“虞美人草”,該當即是舞草,而非麗春花。麗春花開時人作《虞美人》曲,不能枝葉皆動。

又宋人宋祁作的《益部方物略記》,亦載有虞美人草。《益部方物略記》曰:“蜀中傳虞美人草。予以‘虞’作‘娱’,意其草柔纖,爲歌氣所動,故其葉至小者或動摇,美人以爲娱樂耳。”案:雅州,蜀地。這一蜀中的虞美人草,可爲歌氣所動摇,非雅州之舞草而何? 故知沈括所説的虞美人草,也是舞草。

“虞美人”,原是豆科植物舞草的別名,決非罌粟屬植物麗春花。麗春花的記載,見於《二如亭羣芳譜》。《二如亭羣芳譜》,爲明朝晚季王象晉所作,該書所記的麗春花尚無“虞美人”的別名。至清朝初業,陳淏子作《秘傳花鏡》,始以麗春花爲“虞美人”。

《秘傳花鏡·虞美人》曰:

> 虞美人,原名“麗春”,一名“百般嬌”,一名“蝴蝶滿園春”,皆美其名而贊之也。江浙最多。叢生,花葉類罌粟而小,一本有數花(本或作“數十花”,當是衍“十”字)。莖細而有毛;一葉在莖端,

> 兩葉在莖之半,相對而生。發蕊頭垂下,花開始直,
> 單瓣叢心,五色俱備,姿態葱秀,嘗因風飛舞,儼如
> 蝶翅扇動,亦花中之妙品,人多有題詠。

這一記載,描寫了麗春花的形狀,而摻入《酉陽雜俎》舞草之文。段成式説舞草曰:"一葉在莖端,兩葉居莖之半相對。"而陳淏子説麗春花曰:"一葉在莖端,兩葉在莖之半,相對而生。"《花鏡》的這句話,顯然是本於《雜俎》。其所以將麗春花的記載中摻入《酉陽雜俎》之語者,即他以《酉陽雜俎》之舞草爲麗春花了。舞草一名"虞美人",故陳淏子即以麗春花爲"虞美人"。據此可知,誤以"虞美人"爲麗春花者乃始於陳淏子。

舞草,人對之謳歌,其葉感聲氣而動,如項籍之垓下爲歌而虞姬起舞者,故又名"虞美人"。麗春,非能感歌而舞者,何得名爲"虞美人"? 故陳淏子不得不説,花葉"因風飛舞"。花葉因風而可舞動者很多,與"虞美人"之名何干?

誤以虞美人爲麗春,恐亦有因。大概是麗春甚似罌粟,而罌粟又名御米花(見《救荒本草》及《羣芳譜》);"御米"、"虞美"聲相近,或有誤以麗春花爲御米花而讀音若"虞美"者;又因原有"虞美人草"而致誤爲"虞美人"。一誤再誤,而陳淏子又以《酉陽雜俎》之舞草之記文摻入麗春説中,後則本於《花鏡》遂沿誤至

今耳！

125. 杜鵑花

映山紅（*Rhododendron simsii* Planch.），一名杜鵑花。今植物學上有杜鵑花屬（*Rhododendron* L.）、杜鵑花科（Ericaceae）等分類名稱，"杜鵑花"即已成爲通用的名稱了。

"杜鵑"，是一種鳥名。緣何植物之名以此鳥名爲其狀詞？兹舉舊有文獻作答：

（一）明朱國楨《湧幢小品》卷二十七"花"條曰："杜鵑花，以二三月杜鵑鳴開。"

（二）清李調元《南越筆記》卷十三"杜鵑花"條云："杜鵑花，以杜鵑啼時開，故名。"

《種子植物名稱》將植物"杜鵑花"省去花字，而直曰"杜鵑"。如此，則動、植無分，究不甚妥。其意是，因爲杜鵑花屬植物甚多，依類擬名，嫌其字多，故欲省去"花"字。然動物中既有"杜鵑"鳥，動物學上亦未必不可依"杜鵑"之類以擬其名，似乎不能彼此各不相顧？今以爲，植物名稱仍用"杜鵑花"類名，亦曰"杜鵑花屬"、"杜鵑花科"、"杜鵑花目"，而於各種杜鵑花屬（*Rhododendron* L.）之植物擬名時可省去"花"字。如此，在植物中已有"杜鵑花"或"杜鵑花屬”之名,其他種之名稱不加“花”字,尚易知其爲省文者耳。

126. 菠菜(菠稜菜、頗陵、波斯草)

我們食用的菠菜(*Spinacia oleracea* L.),原名“菠稜菜”,是自外國引入的。其初,大概是來自尼泊爾。

唐人段公路有《北户録》之作,該書的“蘸菜”條云:“國初,建達國獻佛土菜。”“泥婆國獻波稜菜。”《唐會要》卷一百亦云:太宗時,尼婆羅國“遣使獻波稜菜”,與《北户録》之説一致。“泥婆”或“尼婆羅”即今日之尼泊爾。菠菜,其初當是來自尼泊爾。

《證類本草·菜部下品》載有“菠薐”,引劉禹錫《嘉話録》云:“菠薐,本西國中有。自彼將其子來,如苜蓿、葡萄因張騫而至也。本是頗陵國將來,語訛爾。”謂“菠薐”是“頗陵”之訛,是自頗陵國拿來的菜。

案:“波稜”、“頗陵”、“婆羅”,音甚相近,“頗陵國”亦即“尼婆羅國”。“波稜菜”或“菠薐菜”者,當是謂其爲尼婆羅之菜。“菠薐菜”,今又省作“菠菜”耳。

“菠菜”之名,於文獻中見於《本草綱目》。《本草綱目·菜部之二》“菠薐”名下,又載有“波斯草”之别名。李時珍曰:“方士隱名爲波斯草云。”“波斯草”是“菠菜”的暗號,並非來自波斯國。

127. 睡蓮

今植物有睡蓮（*Nymphaea tetragona* Georgi），因而有睡蓮屬（*Nymphaea* L.）及睡蓮科（Nymphaeaceae）等分類名稱。

“睡蓮”的名稱及其爲名的取義，見於段公路《北户錄》。

《北户錄》云：“睡蓮，葉如荇而大，沉（疑爲浮之誤）於水面上。其花布葉數重（舊記植物，花瓣亦謂之葉，此指花被，謂其花被有數層），凡五種色。當夏，晝開，夜縮入水底，晝而復出也。”此記實已謂此植物之花被數層如蓮之形，晝開而夜縮入水底若眠之狀，即其名爲“睡蓮”之故。

128. 山荆子（荆桃）

山荆子〔*Malus baccata*（L.）Borkh.〕，似海棠，比海棠的果實小。果實紅色，像個小型的櫻桃。

山荆子是海棠的一類，與牡荆屬（*Vitex* L.）植物無有形似之處，爲何而有“山荆”之名？

《爾雅·釋木》：“楔，荆桃。”郭璞《注》云：“今櫻桃。”“荆”、“櫻”音近，故“櫻桃”可作“荆桃”，取其同聲以爲假借。疑“山荆子”即“山櫻子”，以其果實似櫻桃而曰"山櫻子",別寫而作"山荆子"耳。

129. 紅藍（黃藍）

菊科植物之紅花（*Carthamus tinctorius* L.），舊名"紅藍"或"黃藍",其花供爲紅色或黃色之染料。

《農政全書·種植·雜種下》載有"紅花",云:"一名紅藍,一名黃藍,以其花似藍也。"這是徐光啓對"紅藍"或"黃藍"名稱的解釋。

紅花

案:藍有數種,如菘藍、蓼藍、槐藍,爵牀科（Acanthaceae）之馬藍等,並無何種之藍與菊科植物之紅花的花形相似者,徐氏之解釋不合。

藍爲染料植物,凡可作染料之植物皆可稱藍。"紅藍",謂其染紅;"黃藍",謂其染黃耳。

130. 紫雲英

豆類植物,有紫雲英（*Astragalus sinicus* L.）。紫雲英開紫色之花,名中"紫"字義意甚明,何以又謂之"雲英"?

當是別有一物名"雲英"者,"紫雲英"爲其類從之名。

《抱朴子·仙藥》云：“雲母有五種，而人多不能分別也。法當舉以向日，看其色，詳占視之，乃可知耳。正爾於陰地視之，不見其雜色也。五色並具而多青者名雲英。”是“雲英”爲一種礦質藥物。

藥物嘗因代品，或有本爲礦物而轉爲生物者，如石蠶本爲石質蠶形之物，後又有蟲之石蠶，草之石蠶。豆類植物之開紫花者亦類，從“雲英”之名而曰“紫雲英”了。

131. 西瓜

西瓜〔*Citrullus lanatus* (Thunb.) Mansfeld〕，普通的栽培植物。五代時自西部傳入内地，故有“西瓜”之名。徐光啓《農政全書·樹藝》説：“西瓜，種出西域，故名。”這是對的。

“西瓜”之名，出於《五代史》，徐光啓也説：“五代邰陽令胡嶠，陷回紇，歸得瓜種，以牛糞種之，結實如斗大，味甚甘美，名曰西瓜。”

西瓜於本草書中，始見於元人吳端的《日用本草》。李時珍《本草綱目》亦載之，並引《五代史》爲説。

西瓜，又見於宋人的記載之中。五代時胡嶠自西域引入西瓜之説，可信。

132. 地構葉(地溝葉)

地構葉〔*Speranskia tubercalata*(Bge.) Baill.〕,大戟科(Euphorbiaceae)植物,有乳汁。其名曰"地構葉"者,即因其有乳汁之故。

楚人謂乳爲穀,見於《左傳·宣公四年》。"穀","榖"、"構"一音,故有乳汁之楮樹〔*Broussonetia papyrifera*(L.) Vent.〕亦名榖樹,"榖"或作"構",取於"穀"義。"地構葉"之"構",亦當通"穀",爲乳汁之義。

"地構葉"者,謂地上自然生長有乳汁之葉。

"地構葉"或作"地溝葉",當是別寫,非是有其他的意思。

133. 盧橘

司馬相如《上林賦》有"盧橘夏熟"之語。"盧橘"是什麼果品? 説者大不一致。

《初學記·果木部·橘第九》引張勃《吳録》曰:"建安郡中有橘,冬月於樹上覆裹之,至明年春夏,色變青黑,味尤絶美。《上林賦》云:'盧橘夏熟。'盧,黑色也,蓋近是也。"

案:"盧"有黑色之義。名爲"盧橘"當是黑之橘。張勃所見建安郡冬生夏熟青黑色的橘,當是《上林賦》中的盧橘,至少如張勃所言"近是"。

134. 月季花（四季花）

月季花（*Rosa chinensis* Jacq.），一年之中隨時開花，其名爲"月季"者即在於此。

月季

宋祁《益部方物略記》曰："月季花，即東方所謂四季花者，翠蔓紅蘤。蜀少霜雪，此花得終歲，十二月輒一開。"這樣描述，即已爲"月季花"的名稱作了解釋。

"月季花"與"四季花"，其義一也。

135. 落葵

徐光啓《農政全書·樹藝·蔬部》云："蔠葵，《爾雅》曰：'蔠葵，繁露也。'"注云："其葉最能承露，其子垂垂如綴露，故名。又一名藤菜，一名天葵，一名御菜，一名燕脂菜，一名落葵。落字，疑蔠字相傳之訛。"案：徐以落葵即蔠葵爲是；而疑"落"爲"蔠"字之訛，則非。

落葵

此蔜葵一名落葵者,即今落葵科(Basellaceae)植物之落葵(*Basella rubra* L.)。

葵,本菜之一種,申引之凡菜亦嘗名"葵"。落者,"籬落"之落,俗曰"籬笆"。

落葵的嫩葉供蔬菜食用,蔓生常蔓延於籬落之間,故名"落葵"。

《爾雅》"蔜葵,繁露"之名當另有其義,"落葵"非是"蔜葵"之訛。

136. 菊

"菊"字本作"蘜",或假借"鞠"字爲之。《夏小正》:"九月……榮鞠",《禮記·月令》:"季秋之月……鞠有黃華",即謂菊於夏曆九月開花,而其花爲黃色者也。

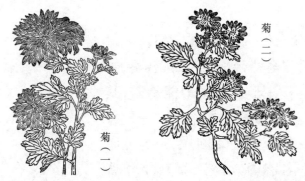

菊
(二)

菊
(一)

如今的菊花〔*Dendranthema morifolium*(Ramat.)Tzvel.〕,品色繁多,當非原來的菊。原來的菊,當是《夏小正》與

《月令》等書之菊,夏曆九月間開黃花的菊,大概是如今野生的甘菊〔*Dendranthema indicum*(L.)Des Moul.〕。

解釋"菊"的名稱,當從"九月"開"黃華"的野菊設想。

《周禮·天官冢宰·内司服》:"鞠衣",鄭玄《注》:"鄭司農云:'……鞠衣,黃衣也。'……玄謂:……鞠衣,黃桑服也。色如鞠(麴)塵,像桑葉始生。"

案:"麴塵",即酒麴上所生之黃霉,乾時輕揚若塵。麴,亦或假借"鞠"字爲之。麴有黃塵,故狀黃色曰"鞠"。謂黃色之衣服爲"鞠衣",謂黃色之花亦可曰"鞠華"。

單名"鞠"者,"鞠華"之省,謂其花色猶麴塵之黃也。"鞠"加草頭爲"蘜",後又省作"菊"耳。

137. 麻竹(司馬竹、私麻竹、沙麻竹、蘇麻竹、粗麻竹)

麻竹〔*Sinocalamus latiflorus*(Munro)Mc. Clure〕,產廣東,竹類之大者也。

動、植物名稱,言"馬"者嘗有大義,言"麻"者嘗有小義。竹之大者而"麻竹",可怪。

朱翌《猗覺寮雜記》卷下云:"嶺表有竹,俗謂司馬竹,又曰私麻竹。《南越志》曰:'沙麻竹,可爲弓,似弩,謂之溪子弩,或曰蘇麻竹,或曰粗麻竹,今訛爲司馬竹。'《嶺表録異》云:'沙麻,大如茶盌,厚而空小,一人擎一莖,堪爲椽樑。'正此竹也。"案:此"司馬竹"者,當即今之麻竹。

麻竹,即司馬竹,即私麻竹,即沙麻竹,即蘇麻竹,即粗麻竹。有此等等名稱,皆由音轉而字訛所致。"司馬竹"與"私麻竹"一音,省言之即爲"麻竹"。

動、植物名稱,於本名名詞之前,或嘗附有發語詞者,如動物之螽而曰"斯螽",植物之杶而曰"母杶"。此曰"司馬竹"當即"馬竹","私麻竹"當即"麻竹",而"馬竹"與"麻竹"又爲一物。

"馬"有大義,故稱大竹爲"馬竹"。又因"馬"、"麻"音近,"馬竹"或即訛作"麻竹"耳。

138. 色樹

槭樹(*Acer mono* Maxim.),今或有作"色樹"者。"色樹"是"槭樹"的別寫,並非另爲一名。

槭樹芽

"槭樹"之名甚古。"槭"字的音讀,頗不一致,而有一音讀若色,故"槭樹"之名,或有寫作"色樹"者。

朱橚《救荒本草·木部·葉可食》載有"槭樹芽",其所繪槭樹之

圖,正是如今的槭樹(*Acer mono* Maxim.)。《救荒本草》
"槭樹芽"之名下,自注云:"槭,音色。"《唐韻》、《集
韻》、《韻會》並子六切,音蹙。而《韻會》又有一音:"讀
若色"。"槭"即讀若"色",可見"色樹"是"槭樹"的別
寫,並非另爲一名。

　　"色樹"爲名之取義,仍當從"槭樹"之解,不可視爲
顔色之義。

139. 向日葵

　　向日葵(*Helianthus annuus* L.),原産墨西哥,約在
明季引入中國。如今所知最早記載向日葵的文獻,爲王
象晉的《羣芳譜》(1621年)。《羣芳譜》中,尚無"向日
葵"之名,於《花譜三·菊》條附"丈菊",説:"丈菊,一
名西番菊,一名迎陽花。""向日"之名,見於文震亨《長
物志》(約1635年前後)。

　　清初,陳淏子《秘傳花鏡》曰:"向日葵,一名西番

葵。高一二丈。葉大於蜀葵,尖狹,多缺刻。六月開花,
每幹頂上只一花,黄瓣大心,其形如盤,隨太陽回轉,如
日東昇則花朝東,日中天則花直朝上,日西沉則花朝西。
結子最繁,狀如蓖麻子而扁。只堪備員,無大意味,但取
其隨日之異耳。"這是陳淏子對"向日葵"的描寫,而又
兼解釋了它的名稱。

案:古有"葵心向日"之語。古時的葵,大約是如今
的冬葵(*Malva verticillata* L.)。所謂"葵心向日"者,大
概是説它的塌地而生的幼苗,仰天向日而已,非如向日
葵之花有向日之傾向也。以丈菊名之爲"向日葵"者,
乃是襲用古語。

140. 胡麻(壁蝨胡麻、壁蝨脂麻)

"胡麻"一名,用於兩種不同植物之上:一種胡麻,
即是脂麻(*Sesamum indicum* L.);另一種胡麻,即是亞麻
(*Linum usitatissimum* L.)。這兩種植物在我國内地,都
是自外引入的,故皆以"胡"爲名。

古時,原以脂麻爲胡麻。這一"胡麻"之名,最早見
於西漢時代的《氾勝之書》。稍後,則見於東漢時代崔
寔的《四民月令》,再則見於三國時代的《吴普本草》及
張揖《廣雅》。舊説胡麻爲張騫通西域自大宛傳入,雖
無確據,視上述文獻,亦頗可信。胡麻未必由張騫親自
帶回,總是與其通西域有關。大約自張騫通使西域後,

胡麻傳入内地。氾勝之正是在西漢稍後於張騫之人，其農書始見有種胡麻之記載。至三國之後，則“胡麻”之名，就屢見不鮮了。

我國古時，原有大麻（*Cannabis sativa* L.），只稱爲“麻”，其韌皮供纖維之用外，種子又供食用，故“麻”嘗列爲穀類之一。脂麻之種子亦嘗供食用，視爲“麻”之一類，因名“胡麻”，以別於原有之“麻”耳。

史游《急就篇》曰：“稻、黍、秫、稷、粟、麻、秔。”這一句所列舉的都是穀類的名稱，可見在西漢時“麻”尚視爲穀類。此“麻”，當是大麻。

唐人顏師古《急就篇注》云：“稻者，有芒之穀總名也，亦呼爲秜。黍，似穄而黏，可以爲酒者也。秫，似粟而黏，亦可爲酒。稷、粟一種，但二名耳，亦謂之粢。麻，謂大麻及胡麻也。秔，謂稻之不黏者，以別於稬也，秔，字或作粳。”這些解釋，都很正確，只是説“麻”爲大麻及胡麻二種，似未盡善。古時言“麻”，只謂大麻，不謂胡麻。師古大概以爲史游西漢元、成時人，後於張騫，彼時已有胡麻，故謂史游所言之"麻"當包括大麻及胡麻二種。但這總是顏氏的臆度。

清人方以智作《通雅》，以爲古時的"九穀"、"八穀"皆有麻，《素問》以麻、麥、稷、黍、豆爲五穀，其"麻"皆當爲脂麻。這，也是臆說。劉寶楠作《釋穀》，竟又臆說胡麻原爲中國所有，其名稱"胡"字是大義，非自胡地而來。若果如方氏與劉氏所言，爲什麼漢以前之文獻不見"胡麻"之名，而必於張騫通西域之後始見之呢？後魏時，賈思勰作《齊民要術》還專有《種麻子》之篇，近時山西還專種麻子，大麻的種子又爲何不可食用而視爲穀類呢？

亞麻，在非洲是一種很古老的栽培植物，不知何時始傳入中國。《廣韻》"荍"字下云："枲屬"，"以遮切"，音"耶"。"荍"與"亞"音近。疑此"荍"，即今之亞麻？然以無有更爲確實之證據爲憾。

威勝軍亞麻

宋時，蘇頌《圖經本草》載有"威勝軍亞麻"（見《證類本草・經外草類》所引），視其圖爲一具有輪生葉之植物，其說謂"花白色"，似是一種茜草科（Rubiaceae）植物，而非今之亞麻。較早之文獻，確實言及今之亞麻者，爲明時宋應星的《天工開物》。

《天工開物》卷十二《膏液・油品》

云:"燃燈,則柏仁内水油爲上,芸薹次之,亞麻子次之,
棉花子次之,胡麻次之,桐油與柏混油爲下。"宋應星又
於"亞麻子"下,自注云:"陝西所種,俗名壁蝨脂麻,氣
惡,不堪食。"此所言者,正是如今
的亞麻。近來,陝西不甚種亞麻,甘
肅頗種之,俗呼爲"壁蝨胡麻"。山
西及内蒙古亦多種植,俗即直呼爲
"胡麻"。吳其濬《植物名實圖考》
名爲"山西胡麻"。

山西胡麻

　　案:脂麻即胡麻;"壁蝨"爲臭
蟲之別名;"壁蝨脂麻"與"壁蝨胡
麻"爲同義之名;亞麻之種子狀若壁蝨,故曰"壁蝨胡
麻"。當是亞麻先有"壁蝨胡麻"之名,而後乃省稱爲
"胡麻"者。

　　如今甘肅還保存着"壁蝨胡麻"之名,以與脂麻之
名"胡麻"者分別,亦可見"胡麻"之名,原是屬於脂
麻的。

141. 林檎(黑禽、來禽)

　　林檎(*Malus asiatica* Nakai),北方常稱爲"沙果",
南方多稱之爲"花紅"。"林檎"之名,如今在陝、甘一帶
尚多用之。

　　郭義恭《廣志》:"林檎,似赤奈子,亦名黑禽,亦名

林檎

來禽，言味甘，熟則來禽也。"這是解釋"林檎"名稱的最早文獻。

"林檎"是"來禽"之音轉。"來禽"之名，亦見王羲之書法的《十七帖》，故郭義恭有此解釋。然郭氏又言林檎"一名黑禽"，則又當作何解釋呢？

"林檎"之名，當是一種外來語，"林檎"、"來禽"、"黑禽"，都當是音譯之名。因爲譯言不出一人之手，而所譯之音不甚準確，遂有此文字不同而音讀略近的幾個名稱。

李時珍《本草綱目》以"文林郎果"與林檎爲一種，其說甚是。《證類本草・果部》載有陳藏器《本草拾遺》"文林郎"條，云："文林郎，……子如李，或如林檎。生渤海間，人食之，云其樹從河（疑原是海字）中浮來，拾得人身是文林郎，因以此爲名也。"這一文獻，可以反映林檎是由海外引來的。所謂"渤海間"者，大概是指遼東半島或今我國東北以至朝鮮一帶。以此可知，"林檎"之名原非漢語，但未知其何族之語言耳。

又，《本草綱目・林檎》李時珍曰："案洪玉父云：'此果味甘，能來眾禽於林，故有林禽、來禽之名。'"這是一語并釋二名的巧妙手法。但也是與郭義恭一樣地望文生義而已。

142. 文林郎果(榲桲)

"文林郎果"，即林檎(*Malus asiatica* Nakai)之別名。

"文林郎果"，陳藏器《本草拾遺》只作"文林郎"。陳藏器謂文林郎果"爲林檎"，以爲別是一種。李時珍《本草綱目》合併林檎與文林郎，認爲二者本是一種，而爲"文林郎"之名稱加了"果"字。案：李説爲是。

陳藏器解釋"文林郎"的名稱説："生渤海間，人食之，云其樹從河(原疑是海字)中浮來，拾得人身是文林郎(官名)，因以此爲名也。"這是一種解釋。

《本草綱目》李時珍曰："唐高宗時，紀王李謹得五色林檎似朱柰，以貢。帝大悦，賜謹爲文林郎。人因呼林檎爲文林郎果。"這又是一種解釋。

案：這兩種解釋不相一致，似乎都是望文生義之談，恐不足信。

《證類本草・果部下品》引《海藥》云：文林郎果"南山亦出，彼人呼榲桲是。""文林郎"之名，當與"榲桲"、"林檎"有關。"榲桲"之榲，當讀若媪，然其形與温字相似，爲人讀作温音，是意中之事，疑"文林郎"之"文"即"榲"之訛。而"林"，當即由"林檎"而來，因其有林檎之名耳。合"榲桲"與"林檎"而簡稱之爲"榲林"，不足爲奇，更"榲林"訛作"文林"，亦是意中之事，却又因古

有"文林郎"之官名,而曰"文林郎"果。附會之迹,亦甚
顯然。

143. 小桃紅

小桃紅,即鳳仙花(*Impatiens balsamina* L.),見於朱
橚《救荒本草·草部·葉可食》。

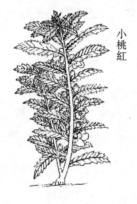

小桃紅

杜甫《江雨有懷鄭典設》詩有
句云:"寵光蕙葉與多碧,點注桃花
舒小紅。"鳳仙花之葉狹長似桃葉,
而花多有淡紅似桃花者,當是因杜
詩而有此"小桃紅"之名。

"小桃紅",又爲酒名。陳淏子
《秘傳花鏡》説"鳳仙花,一名小桃
紅",有白花者"可浸酒"。小桃紅
酒,恐是其初爲小桃紅花所浸製之酒。

144. 鳳仙花(金鳳花、仙人花、萬連葉、鳥羽、鳳翼花)

鳳仙花(*Impatiens balsamina* L.),習見之栽培植
物。植物學上有鳳仙花屬(*Impatiens* L.)及鳳仙花科
(Balsaminaceae)等分類名稱。

"鳳仙"之名,見於李時珍《本草綱目》。《綱目》
"鳳仙"條,又載有"金鳳花"之別名。李時珍曰:"其花,

頭、翅、尾、足，俱翹翹然如鳳狀，故以名之。"這是解釋
"鳳仙"之名的，似亦兼釋了"金鳳花"之名。

王象晉《羣芳譜》"鳳仙"下云："開花，頭、翅、羽、
足，俱翹然如鳳狀，故又有金鳳之名。"此説，自是本於
李時珍，但釋"金鳳"而不釋"鳳仙"。

二氏所釋，都在"鳳"字着意，未釋"金"與"仙"之
義。名"金鳳"者，當指黃花者言。名"鳳仙"者，其
"仙"字可能有其來歷。

崔豹《古今注·草木篇》曰："萬連葉如鳥翅，一名
鳥羽，一名鳳翼花。大者（疑是"都"字訛）其色多紅、
綠：紅者紫點，綠者紺點。俗呼爲仙人花，一名連繽
花。"案："萬連葉"恐是"萬連花"之誤；"花"下當重
"花"字；當云："萬連花，花如鳥翅，一名鳥羽，一名鳳翼
花。"疑此"萬連花，一名鳳翼花"者，即是今之鳳仙花。
鳳仙花，花如鳥形，花色不一，花瓣上常有其他顏色之點，
正與此萬連花相合。《羣芳譜》也説鳳仙花之花有"灑金
者，白瓣上紅色數點"，尤與《古今注》之萬連花相合。

疑《古今注》之"萬連花，一名鳳翼花，一名仙人花"
者，即今之鳳仙花？又疑"鳳仙花"之名，是由"鳳翼"、
"仙人"二名合成，而各省一字，即成"鳳仙花"了。

145. 望江南（決明、草決明）

豆科植物望江南（*Cassia occidentalis* L.），今有稱之

爲“江南豆”者,是“望江南”的名稱所省改。兩個名稱,都與江南地域無關。

“望江南”之名,見於朱橚《救荒本草》。《救荒本草》所繪“望江南”之圖,與今者一致。

《救荒本草·草部·花葉皆可食》之說云:“望江南……今人多將其子作草決明子代用。”這就說出此種植物之所以名爲“望江南”之故。

望江南

“望江南”,原爲一種曲牌之名,與植物本無關係。藥物中有決明,又有草決明,都是醫治目疾之藥。開目曰“決眥”。目疾,視而不明,治目疾之藥可使目開而明,故名“決明”。今此植物之種子可代決明之用,亦即可使目望之而明,故名曰“望江南”,不過只取義一個“望”字,而以曲牌之名代之。這還是藥物或有隱語之名的慣技。

146. 玉簪花

玉簪花〔*Hosta plantaginea* (Lam.) Aschers.〕,爲普通的栽培植物。

“玉簪”之名,見於《本草綱目》。李時珍曰:“玉簪,處處人家栽爲花草。二月生苗,成叢,高尺許,柔莖似白

菇。其葉大如掌，團而有尖，葉上紋如車前葉，青白色，
頗嬌瑩。六七月抽莖，莖上有細葉，中出花朵十數枚，長
二三寸，本小末大，未開時正如白玉搔頭簪形。"所記
甚詳。

其曰花"未開時正如白玉搔頭簪"者，即已明白地
解釋了"玉簪花"爲名之故。

147. 曼陀羅花

茄科植物有曼陀羅花（*Datura stramonium* L.）。

"曼陀羅花"之名，見於李時珍《本草綱目》。其"釋
名"云："時珍曰：《法華經》言佛説法時，天雨曼陀羅花。
又道家北斗有陀羅星使者，手執此花，故後人因以名花。
曼陀羅，梵言雜色也。"

案：道家"陀羅星"之言，或是因緣佛説而生。"曼
陀羅"於梵文爲"雜色"之義，則天雨之曼陀羅花，當指
多樣雜色之花而言，並非一種植物之名。後人用"曼陀
羅花"爲植物之名，自是出於附會。

148. 夾竹桃

夾竹桃（*Nerium indicum* Mill.），習見之栽培植物。

"夾竹桃"之名，見於王象晉《羣芳譜》。

《羣芳譜》曰："夾竹桃，花五瓣，長筒，瓣微尖，淡

紅,嬌豔,類桃花;葉狹長,類竹,故名夾竹桃。"這已説明了"夾竹桃"爲名之故。

鳳仙花(*Impatiens balsamina* L.)的別名,也叫"夾竹桃",見於朱橚《救荒本草》。《羣芳譜》"鳳仙花"下,也載有"夾竹桃"之別名。

《羣芳譜》説鳳仙花:"苗高二三尺,莖有紅、白二色,肥者大如拇指,中空而脆。葉長而尖,似桃柳葉有鋸齒,故有夾竹桃之名。"這,大概是以爲鳳仙花的莖中空如竹,而葉如桃,而有"夾竹桃"之名的。

"夾"者,兼也。如書籍本文中兼有小字注的曰"夾注",飯煮不善而兼有生粒者曰"夾生",都是這一意思。"夾竹桃"者,即謂其植物兼有竹與桃之二形耳。

149. 密蒙花(蜜蒙花、醉魚草)

馬錢科植物密蒙花(*Buddleja officinalis* Maxim.)。

密蒙花

密蒙花,著於《開寶本草》之草部,《證類本草》載之而移入木部,皆作"蜜蒙花",作蜜蜂之"蜜"。

《證類本草·木部中品》載有《嘉祐本草》之文曰:"蜜蒙花,味甘,平,微寒,無毒。主青盲、膚翳、赤澀、多眵淚,消目中赤脈,小

兒麩豆及疳氣攻眼。生益州川谷。樹高丈餘。葉似冬
青葉而厚，背色白，有細毛。二月、三月採花。”

蘇頌《圖經本草》曰：“蜜蒙花，生益州川谷。今蜀
中州郡皆有之。木高丈餘。葉似冬青葉而厚，背白色、
有細毛，又似橘葉。花微紫色。二月、三月採花，暴乾
用。此木類而在草部，不知何至於此。”這一記述，較
《嘉祐》稍詳。

寇宗奭《本草衍義》曰：“蜜蒙花，利州路甚多。葉
冬亦不凋，然不似冬青，蓋柔而不光潔，不深綠。花細
碎，數十房成一朵，冬生春開。此木也，今居草部，恐
未盡。”

由此以上三家記述，可知本草書中的“蜜蒙花”與
今馬錢科植物“密蒙花”無異。寇宗奭認爲蜜蒙花之葉
不似冬青，與今者相合。所謂“葉似冬青”者，蓋言其常
綠耳。花的描述，《圖經》及《衍義》皆與今者相合，而
《衍義》較詳。《衍義》所謂“數十房成一朵”者，謂其數
十花成一花序也。

密蒙花（*Buddleja officinalis* Maxim.）同屬之植物，
有醉魚草（*Buddleja lindleyana* Fort.），爲一種有毒之植
物，故可醉魚。由此容易認爲密蒙花亦有毒，而“密蒙”
即“迷茫”，謂其毒性可使人迷茫也。然而密蒙花無毒，
則“密蒙”之義不當如此。

案：密蒙花，謂其爲治目疾之藥。“蜜蒙”，當作“迷
矇”，謂眼目之不明。治眼不明之藥，其藥用花，故曰

"迷矇花"。作"蜜蒙"或"密蒙"者,字之別耳。

150. 丁香

"丁香"一名,用於兩種大不相同植物之上:一種丁子香〔*Syzygium aromaticum*(L.)Merr. & Perry〕,簡稱"丁香";又一種丁香花(*Syringa oblata* Lindl.),亦簡稱"丁香"。一樣的名稱,用時各有所指。兩種植物,共用一個名稱,當亦有其淵源。

丁子香〔*Syzygium aromaticum*(L.)Merr. & Perry〕爲

丁香花

熱帶植物,栽培於中國南方;其花蕾有濃香,供爲香料或藥用,因其形狀如釘子,故名"丁子香"。"丁子",即釘子也。丁子香,或有作"丁字香"者,其意當是謂其花蕾似古"丁"字,亦通。

丁香花(*Syringa oblata* Lindl.),我國北方所產之植物,嘗栽培於庭園之中,供爲觀賞;其花蕾亦似釘子,故亦有"丁香"之名。大概是北方不見生產香料之丁香而嘗聞其名稱,而以花蕾相似之丁香花當之,故其植物亦名"丁香"。

今於生產香料之"丁香"當曰"丁子香",而於觀賞植物之"丁香"當曰"丁香花",以示區別。

151. 菫（菫菫菜、芨、荶、少辛、小辛）

菫,是一從艸菫聲之字,它是植物名稱。書籍中常
用作"菫"字,大概是爲了簡筆,亦可說這是借字。"菫"
字,據《説文》原義爲"黏土",與植物的名稱無干。

有兩種大不相同的植物,都名爲"菫"。一是《詩
經》中"菫荼如飴"的"菫",這該即是如今的菫菜(*Viola
verecunda* A. Gray);一是《國語》中"置菫於肉"的"菫",
這該即是如今的烏頭(*Aconitum carmichaelii* Debx.)。

菫菫菜

兩種植物雖皆有"菫"名,而
其"菫"名的意義則各有
不同。

如今植物學中的菫菜
(*Viola verecunda* A. Gray)之
名,當是出自《救荒本草》的
"菫菫菜"省字而爲"菫菜"
的。"菫菫"者,複音名,通俗
語言往往如此。《詩・大雅・緜》:"周原膴膴,菫荼如
飴。"此"菫"爲甘美可食之植物,自非有毒的烏頭,而當
即是菫菜(*Viola verecunda* A. Gray)。菫菜是一種小形
的植物,它的名稱甚古。

"菫菜"的名稱,以"菫"爲聲。凡菫聲之字,嘗有
少、小之義。如僅,義爲少;謹,爲慎言,義即僅於言語;

"穀不熟曰饑,菜不熟曰饉",意謂年成不好,收穫不多。又"僅"字亦通作"菫",《漢書·地理志》云:"豫章出黃金,然菫菫物之所成。"即是用"菫"爲"僅"的。又古"少"、"小"之義相通,藥物"細辛"或作"少辛",亦作"小辛",菫音之字當亦可訓"小"。

今菫菜(*Viola verecunda* A. Gray),植物之高二三寸,爲普通植物中之小者,其名曰"菫",當是取於小義。

烏頭(*Aconitum carmichaelii* Debx.)爲有毒植物,其名"菫"者,當另有其他之義。

按《國語·晉語二》言:"驪姬受福,乃寘鴆於酒,寘菫於肉。""菫"爲毒藥甚明,故韋昭《注》云:"菫,烏頭也。"《爾雅·釋草》:"芨,菫草。"郭璞《注》云:"即烏頭也。江東呼爲菫。"此據實驗而言,亦謂菫即烏頭。烏頭一名菫,一名芨。"芨"、"菫",是一聲之轉,故菫亦即芨。語云"緊急","緊"與"急"同義,亦同爲音轉之例。《本草綱目·毒草類》載藥物"大戟",李時珍曰:"其根辛苦,戟人咽喉,故名。""戟"與"芨"同音,亦菫之轉音,當是凡物有毒能戟刺人者可以名"戟"、芨,或菫;然則"菫"即"芨"即"戟",謂其有毒耳。烏頭之一名"菫"者,義當如此。

又《説文》云:"芨,菫艸也。"《廣雅》云:"菫,藋也。"或有以菫爲藋者,或更有以藋爲蒴藋而又以菫爲蒴藋者,均非是。

案:蒴藋與藋名稱不同,不得隨意認爲一物。藋,當即荻,其別名亦曰"菫"者,當另有其義。同名異物者甚夥,不可混同而言也。

今禾本科之荻〔*Miscanthus sacchariflorus*（Maxim.）Benth. et Hook. f.〕略與蘆葦相似,古人嘗以"蘆荻"並言。蘆葦之稈中空而荻中實,疑荻之別名"菫"者,當是取義於其稈實。"菫"音同"緊",當可有堅實之義。

152. 毛茛（毛建、毛菫）

今植物中有毛茛（*Ranunculus japonicus* Thunb.）。分類學中有毛茛屬（*Ranunculus* L.）,毛茛科（Ranunculaceae）及毛茛目（Ranales）等名稱,皆由毛茛而出。毛茛,生於下濕之地,爲一習見之植物。

"毛茛"之名,其早者見於陶弘景之《本草注》,《唐本草注》亦曾言之,後爲陳藏器著於《本草拾遺》之中。《證類本草》載入《草部下品之下》,《本草綱目》載入《毒草類》。

《唐本草注》云:"毛茛是有毛石龍芮。"《本草綱目》李時珍曰:"毛茛,即今毛菫也。下濕處即多。春生苗,高者尺餘,一枝三葉。葉有三尖及細缺,與石龍芮莖葉一樣,但有細毛爲別。四五月開小黃花,五出,甚光艷。結實狀如欲綻青桑椹,如有尖峭,與石龍芮子不同。"如上所言,《本草》藥用之毛茛該當即是如今習見的毛茛（*Ranunculus japonicus* Thunb.）,它是一種與石龍芮相似而莖葉俱有細毛的有毒植物。

《本草綱目·毛茛》的"釋名",李時珍又曰:"茛乃草烏頭之苗,此草形狀及毒皆似之,故名。《肘後方》謂之水茛,又名毛建,亦茛字音訛也。俗名毛堇,似水堇而有毛也。"據此可知,"毛茛","毛建"及"毛堇"等名都爲一音之轉,"毛茛"亦即是"毛堇"。

烏頭有毒名曰"堇"(見"堇"條),毛茛植物有毛亦有毒,故名"毛堇","毛茛"則"毛堇"之音轉而字異者耳。

153. 結縷草(鼓筝草)

今禾本科植物有結縷草(*Zoysia japonica* Steud.),是一種細蔓匍匐於地面而節節生根的植物,有用之以爲庭園之草地者。此植物在我國多生於長江以南,北方稀見。

西漢司馬相如《上林賦》曰:"布結縷",晉人郭璞《注》云:"結縷蔓生,如縷相結。"《上林賦》"結縷"之名稱,該是最早的文獻。郭璞爲之作了名稱的解釋,這也該是最早有關結縷草名稱解釋的文獻。

《漢書音義》云:"結縷似白茅,蔓聯而生。"顏師古曰:"結縷蔓生,著地之處皆生細根,如綫相結,故名結縷。"這又更清楚地解釋了"結縷草"的名稱。

顏師古又曰:結縷,"今俗呼爲鼓筝草。兩幼童對

衛之，手鼓中央，則聲如箏也，因以名云。"這又言及結
縷草之別名，也爲之作了解釋。

《爾雅·釋草》："傅，橫目。"郭璞《注》云："一名結
縷，俗謂之鼓箏草。"此説結縷一名鼓箏草，與顏師古説
相同。

《一切經音義》十四載《四分律》第二十五卷"結
縷"條引孫炎云："三輔曰結縷，今關西饒之，俗名句屢
草也。"案：孫炎，後漢三國時人，曾注《爾雅》。此《一切
經音義》所引，乃孫炎《爾雅注》之文。漢都長安，京師
附近分爲三區，曰：京兆、右扶風及左馮翊，謂"三輔"。
"關西"，謂函谷關以西，即今陝西關中之地。據此，可
知舊文獻所稱之"結縷草"，是多生於陝西關中地區的
植物，與今多生於江南之結縷草不同。

今陝西關中一帶，不見有江南習見之結縷草（*Zoysia
japonica* Steud.），而有一種與江南結縷草相似之植物，
即是狗牙根〔*Cynodon dactylon*（L.）Pers.〕。此種植物
在陝西關中地區，甚爲普通，幾乎到處皆是，亦是蔓衍匍
匐，節節生根之植物，古文獻中所稱之"結縷草"當即
此種。

"狗牙根"，孔憲武《渭河流域之雜草》中曰"行儀
芝"，正生於陝西關中地區。今關中兒童，亦鼓其草莖
若鳴箏然，當即郭璞與顏師古所謂之"鼓箏草"。漢苑
"上林"，亦在關中，司馬相如賦所謂"布結縷"者，當亦
實言。

154. 木槿（舜、櫬）

木槿（*Hibiscus syriacus* L.），錦葵科植物，灌木。其花朝開夕萎，爲時暫短，故名木蓳；以其爲木，故字亦作"槿"。

木槿

"蓳"有少、小之義，已於"蓳"條言之。花之開時暫短，亦即爲時之少，故亦得"蓳"名。

《詩·鄭風·有女同車》："顏如舜華"，毛《傳》云："舜，木槿也。"《爾雅》："櫬，木蓳。"郭璞《注》云："似李樹，華朝生夕隕。"一作"木槿"，一作"木蓳"，並爲一物。其名頗古。

"舜"之義即"瞬"，意謂轉眼之間，亦因花開之時暫短而名。

"櫬"、"舜"音近。"舜"亦從木作"橓"。疑"櫬"即"橓"之訛。

155. 冬葵

冬葵，即今之冬寒菜（*Malva verticillata* L.）。

冬葵

《神農本草》有"冬葵子"，《證類本草・菜部上品》載之。陶弘景《本草注》云："以秋種葵，覆養經冬，至春作子，謂之冬葵。多入藥用，至滑利，能下石。春葵子亦滑，不堪。餘藥用根，故是常葵爾。"説"冬葵"即是葵之秋種而經冬。藥用其子。

賈思勰《齊民要術》有《種葵》篇，引崔寔曰："正月可種……葵。……六月六日可種葵。中伏後，可種冬葵。"是葵可爲春、夏、秋各時而種；秋種者亦謂之冬葵也。與陶説一致。

156. 紫堇

今植物有紫堇〔*Corydalis incisa*（Thunb.）Pers.〕。因而又有紫堇屬（*Corydalis* Vent.）、紫堇科（Fumariaceae）等分類學名稱。

"紫堇"之名，見於蘇頌《圖經本草》（或名《本草圖經》），而非今之紫堇。今以紫堇之學名爲〔*Corydalis incisa*（Thunb.）Pers.〕者，出自松村任三《植物名匯》。

《證類本草》卷三十載有《本草圖經本經外草類總七十五種》，其中有"紫堇"。其"紫堇"之圖，絶不與今之紫堇相類。其説云："紫堇，味酸，微温，無毒。元生

紫菫

江南吳興郡。淮南名楚葵,宜春郡名蜀菫,豫章郡名苔菜,晉陵郡名水蔔菜,惟出江淮南。單服之,療大小人脫肛等。"此説亦與今之紫菫無涉。

《圖經本草》之"紫菫"有"楚葵"、"苔菜"、"水蔔菜"等別名。葵者,菜也。疑此一"紫菫",當是與菫菜(*Viola verecunda* A. Gray)爲類從之名。

松村任三《植物名匯》學名"*Corydalis incisa* Pers."之漢名爲紫菫,而於紫菫之下又注一"本"字,意謂出於《本草》。其所謂之《本草》,即是李時珍之《本草綱目》。

今檢《本草綱目》卷二十六《菜之一》載有"紫菫",其説亦本於《圖經本草》,不與松村之意相合。

《本草綱目》"紫菫"名下注曰"宋圖經",即謂其名出自蘇頌《圖經本草》。下引蘇頌《圖經本草》之文而爲之補充説:

> 時珍曰:"蘇頌之説,出於唐玄宗《天寶單方》中,不具紫菫形狀。今按《軒轅述寶藏論》云:'赤芹即紫芹也。生水濱,葉形如赤芍藥,青色,長三寸許,葉上黄斑,味苦澀。其汁可以煮雌、制汞、伏朱砂、擒三黄。號爲起貧草。'又《土宿真君本草》云:

‘赤芹，生陰厓、陂澤近水石間，狀類赤芍藥，其葉
深綠而背甚赤，莖葉似蕎麥，花紅可愛，結實亦如粃
蕎麥，其根似蜘蛛，嚼之極酸，苦澀。江淮人三四月
采苗，當蔬食之。南方頗少，太行、王屋諸山最
多也。’”

這已由李時珍引徵其他書籍，補充了《本草》紫堇的形
狀，看來仍然與今“紫堇”無關，不知松村氏何所依據而
定《本草》之紫堇爲 *Corydalis incisa* Pers. 之學名耶？

松村氏誠誤。不過，今植物學中沿用此誤已久，且
有紫堇屬（*Corydalis* Vent.）、紫堇科（Fumariaceae）等分
類學名稱，不必另改，知其來歷而已。

157. 桐

《詩·鄘風·定之方中》云：“椅
桐梓漆，爰伐琴瑟。”桐是可爲琴瑟
之木，當即如今的泡桐、白桐之屬
（*Paulownia* Sieb. et Zucc.）。泡桐屬
（*Paulownia* Sieb. et Zucc.）的木材輕軟
平整，扣之其聲宏邁，故可爲琴瑟。如今
仍多用泡桐屬（*Paulownia* Sieb. et Zucc.）

桐

的木材爲樂器。椅，是梓屬。梓屬（*Catalpa* L.）的木材
和漆樹的木材，也都輕軟，故也可爲琴瑟。或有用“梧”

字爲琴之別名者,是以梧桐(*Firmiana simplex* F. W. Wight)爲桐也,非是。

桐的葉大,略圓。舊常以植物之葉大而略呈圓形者名與桐相類從,如梧桐、油桐、頮桐等是,其實都非桐類。不得以與桐相類從之名冒稱之爲桐。

《集韻・平聲・一東》:"桐,輕脱貌,通作'通'","他東切",音通。桐之木材輕脱,故名桐耳。

案:"輕脱"即"通脱",有輕鬆之義(參看"通脱木"條)。

158. 葱

葱

葱(*Allium fistulosum* L.)爲習用之蔬菜,其葉中空。

《集韻・平聲・一東》:"窓,通孔也。"又:"粗叢切",音怱。案:"葱"與"窓",俱爲怱聲之字,義當相通。葱葉作圓筒而中空,自有通孔;其名"葱"之義,當在於此。

159. 麻

《詩・豳風・七月》云:"黍稷重穋,禾麻菽麥。"麻在古時是穀類之一。此麻，即如今的大麻（*Cannabis sativa* L.）。大麻之所以列爲穀類，是因其種子可食之故。然大麻古時亦用其纖維，且早已用其纖維織布，爲一般人民之衣著。如今凡用作纖維之植物，多名某麻、某麻，與大麻之"麻"名相類從。

《小爾雅‧廣言》云："靡，細也。"案：靡與麻，一音之轉，義當相通。"麻"之爲名，當是取義於靡，以其具有靡細之纖維耳。

《列子‧湯問》云："江浦之間生麼蟲，其名曰焦螟。羣飛而集於蚊睫，弗相觸也；栖宿去來，蚊弗覺也。"其物甚小，故名"麼蟲"。"麼"，亦麻聲之字，由纖細之義引申而又爲細小之義。故凡物之小者曰麼。麻、麼亦相通。

160. 羊桃（五歛子、五稜子、陽桃、三廉）

植物之名"羊桃"者，有若干種，或因其果實似桃，或因其葉形似桃，取名之義並不一致。嶺南所產之五歛子（*Averrhoa carambola* L.），亦別名羊桃。其葉爲羽狀複葉，小葉近卵圓形；其果爲長橢圓形而有稜，俱無似桃之處。五歛子之名"羊桃"，當別有其義。

"五歛子"之名見於《本草綱目》。范成大《桂海虞衡志》作"五稜子"，又一名"羊桃"。《本草綱目》作"陽桃"。"羊"、"陽"同聲之字，往往通用。

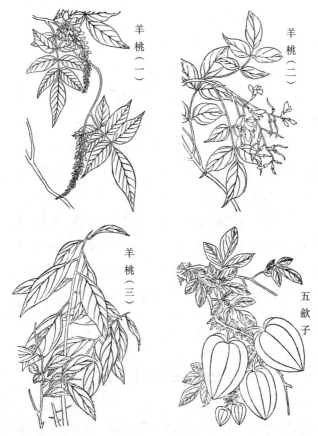

羊桃（一）

羊桃（二）

羊桃（三）

五歛子

　　《本草綱目》“五歛子”條下，李時珍曰：“按嵇含
《草木狀》云：‘南人呼稜爲歛，故以爲名。’”這是解釋
“五歛”爲名之取義的。

　　李時珍又曰：“五歛子，出嶺南及閩中，閩人呼爲陽
桃。”這又説明了“陽桃”名稱的來歷。他接着又説：“其
大如拳，其色青黄潤綠；形甚詭異，狀如田家碌碡，上有
五稜如刻起，作劍脊形。皮肉脆軟，其味初酸久甘。其

核如柰。……又有三廉子,蓋亦此類也。”這是對五斂子的詳細描述。所言其果具有五條稜脊,則補充了“五斂子”的釋名。

李時珍又引陳祈暢《異物志》云:“三廉,出熙安諸郡。南人呼稜爲廉。雖名“三廉”,或有五、六稜者。”這也可以補充“五斂”的取義,而又説明了“三廉”與“五斂”本是一物。

“五斂”即“五廉”。“斂”、“廉”一聲,其義皆爲稜,故又有“五稜”之名。五斂子之果實不盡具有五條稜脊,更有具三稜脊者,故又有“三廉”之名。

知“五斂子”別有“三廉子”之名,即可以釋其何故而又名“羊桃”了。

《方言》卷九:“凡箭鏃胡合嬴者,四鐮或曰鉤腸,三鐮者謂之羊頭。”案:“鐮”即“廉”,與“斂”並爲一聲之字,其義皆謂“稜”。箭鏃有稜,其三稜者謂之“羊頭”。“羊頭”與“羊桃”音近。五斂子之果實有五、六稜或三稜者,狀如有稜之箭鏃,故可名之爲“羊頭”。曰“羊桃”者,當是“羊頭”之訛轉。

161. 芋

芋〔*Colocasia esculenta*(L.)Schott.〕,具有大型之塊莖,其葉亦大。“芋”之爲名,即取義於大。

《方言》卷一:“訏、……于,大也。……中齊西楚之

芋

間曰訏。……于,通語也。"《爾雅·釋詁》:"訏,大也。"《廣雅·釋詁》:"芋,大也。"《詩·大雅·生民》:"實覃實訏",《小雅·斯干》:"君子攸芋",訏、芋,毛《傳》並云:"大也。"是知于聲之字有大義。

《説文》:"芋,大葉實根,駭人,故謂之芋也。从艸,于聲。"這就直接解釋了植物"芋"名之取義。

162. 海棠(海紅、海松)

觀賞植物之海棠〔*Malus spectabilis*(Ait) Borkh. 〕,在我國各地栽培,其野生情况不明,似非内地原産。《本草綱目》"海紅"條下李時珍引李德裕《花木記》云:"凡花木名海者,皆從海外來,如海棠之類是也。"其説不爲無因。

海紅

李時珍又引《李白詩注》云;"海紅乃花名,出新羅,國甚多。"以爲海棠自海外而來的證據。

案:新羅古國,於今爲朝鮮之地。古時亦自我國東北部或朝鮮地方,越而來之植物,其名或用"海"字,如海

松(*Pinus koraiensis* Sieb. et Zucc.)即是其例。李氏此
説,亦有其理。

"棠",本杜梨(*Pyrus betulaefolia* Bge.)之名。其始
認爲海棠與杜梨一類,故爲此類從之名。

163. 笑靨花

繡綫菊屬(*Spiraea* L.)植物,有笑靨花者(*S. prunifolia*
Sieb. et Zucc.),其"笑靨"之名,與植物之形象似無關
聯,頗難言其取義。

案:"靨"與"酺"合爲一詞,或作"靨輔"。《楚辭·
大招》:"靨輔奇牙,宜笑嫣只。"意謂面頰之笑容。好花
之初放者,誠有嫣然若笑之態,謂花有笑靨,固無不可。
然此花頗小,白色,羣集而生,難言其似有顯然帶笑之面
頰,"笑靨"之名,恐別有其故。

"笑靨花",見於陳淏子《秘傳花鏡》。其文曰:"笑
靨,一名御馬鞭。叢生。一條千花,其細如豆,茂者數十
條,望若瑶雪。"亦未言其取名"笑靨"之義。

今疑此"笑靨"爲名之義,當即在於其花之"望若瑶
雪"一語中。

薔薇科之花楸屬(*Sorbus* L.)植物,花多白色,又多
爲複頂生之傘房花序,花開之時望之若雪。其中有一種
雪壓花(*S. hupehensis* Schneid.),即因其叢之白花,望之
若雪壓蓋之狀而爲名者。繡綫菊屬之笑靨花,亦爲多數

叢集之白花,即所謂"望若瑤雪"者,當亦可名爲"雪壓花"。今名"笑靨"者,疑是"雪壓"之轉訛。"雪"、"笑"音相近,"壓"、"靨"一聲之字,因以轉訛。

　　植物名稱,往往有故爲隱暗之詞者。花卉名稱,又多故奇詞,以示雅致。或是故意妄改"雪壓"而爲"笑靨"者,亦自鳴高雅而已。

164. 賣子木(買子木)

　　龍船花(*Ixora chinensis* Lam.),一名賣子木。"賣子木"之名甚奇特。

　　賣子木著録於《唐本草》中。《證類本草・木部下品》載《唐本草》之文曰:"賣子木,味甘,微鹹,平,無毒。主折傷,血内溜,續絶,補骨髓,止痛,安胎。生山谷

賣子木

中。"案:此植物之爲藥,有"續絶"、"安胎"之功,與生育子息有關,似是以此而名"賣子"者? 然"賣子"爲義又不甚合。

　　《嘉祐本草》掌禹錫云:"今渠州歲貢作買子木。""買子"之名爲恰,意當謂買此藥服若買子耳。蘇頌《圖經本草》亦云:"今惟渠州有之,每歲土貢,謂之買子木。"

　　"賣子木"爲"買子木"之訛。

165. 泡桐

　　泡桐屬（*Paulownia* Sieb. et Zucc.）植物，產於我國，約有十種。或以 *P. tomentosa*（Thunb.）Steud. 爲泡桐，或以 *P. fortunei*（Seem.）Hemsl. 爲泡桐。“泡桐”之名，原不限於一種，總是一屬植物。

　　故書之稱“桐”者，即泡桐之屬。“泡桐”與“桐”，實亦同義之名，都取義於其植物之木材虛軟、輕鬆之故。

　　梁同書《直語補證》云：“凡物虛大者謂之泡。”並引《方言》：“泡，盛也。江淮之間曰泡。”郭《注》：“泡，洪張貌。”案：物之虛張曰泡，今我國北方習用之語。“泡桐”之名，即指其木材虛泡而言。

166. 柟木

　　柟，或作楠。古有以“梅”爲柟之別名者，其“梅”非即生產酸菓之梅樹（*Prunus mume* Sieb. et Zucc.），而是一種樟科（Lauraceae）植物。自古及今，樹木之名柟者，並非一種，大概多是樟科植物。樟科植物，有許多種類，可產良好的木材。如今普通的柟木〔*Phoebe nanmu*（Oliv.）Gamble〕，即是一個有名的良材樹種。

　　“柟木”之爲名，即與其良材有關。

　　《詩·小雅·巧言》“荏染柔木”一句的解釋：毛

《傳》曰:"荏染,柔意也。柔木,椅、桐、梓、漆也。"鄭《箋》曰:"此言君子樹善,木如人心思數善言而出之。"馬瑞辰《毛詩傳箋通釋》曰:"瑞辰按:荏染二字雙聲。荏者,𣕔之假借。《說文》:'𣕔,弱貌。'又與㤛同。《廣雅》㤛、𣕔並云'柔也',又曰:'㤛,弱也。'染者,㬎之假借。《說文》:'㬎,毛㬎㬎也。'段玉裁曰:'㬎㬎者,柔弱下垂之貌。'《說文》又曰:'娪,弱長貌。'亦從㬎會意。《傳》以柔木爲椅、桐、梓、漆,而《箋》以善木申釋之,蓋讀柔如'柔嘉維則'之柔,柔即善也。非泛言柔弱之木。"以上所引,都是釋《詩》之言。"荏染"即"𣕔㬎",二字雙聲,都有柔弱之義,故謂之"柔木"。而"柔木"之柔,又有善良之義。

樟科植物之枏木,材理細緻而柔韌,古稱良材,每曰"梗、枏、豫章",是久已負有盛名的優美樹種。其所以名"枏"者,即指其爲良材耳。其所以爲良材者,又在於其木之"荏染"。

167. 蓬

古書中往往"蓬蒿"並言,示爲荒蕪之義。今之名蒿者,多爲菊科(Compositae)植物;名蓬者,多爲藜科(Chenopodiaceae)植物。蓬與蒿,又多爲叢生之雜草,二者並言,不爲無因。

《詩·小雅·何草不黃》:"有芃者狐",馬瑞辰《毛詩傳箋通釋》曰:"《淮南子·原道訓》'禽獸有芃',高《注》:'芃,蓐也。'《説文》'蓐'字注:'一曰簇也。''芃'字注:'草盛貌。'芃,本衆草叢簇之貌,狐毛之叢雜似之,故曰'有芃者狐'。又'芃'、'蓬'音同。《山海經·海内經》:'玄狐蓬尾',郭《注》:'蓬,叢也。''芃'猶'蓬'也。蓋狐尾蓬叢之貌。"這是講解《詩經》"有芃者狐"一句的意思的。謂"芃"與"蓬"同音而通用,都有叢簇之義。

蓬類植物叢簇而生,故名曰"蓬"耳。

168. 蒿(蘩、皤蒿)

今菊科(Compositae)植物有蒿屬(*Artemisia* L.),所屬植物甚多。蒿屬中之名某蒿、某蒿者,亦甚多,都以蒿爲類從之名。各種之蒿,以蒿爲類從之名,自必有其一種之專名"蒿"者。專名之"蒿"當爲何物?其名又爲何義? 兹姑言之。

《爾雅·釋草》:"蘩,皤蒿。"郭璞《注》曰:"白蒿。"《爾雅》又曰:"蘩之醜,秋爲蒿。"郭璞《注》曰:"醜,類也。春時各有種名,至秋老成,皆通呼爲蒿。"案:皤、蘩音近之字。皤有白義,故知蘩即白蒿。白蒿一種,在春時初生以至秋時,因季節及生長之情形不同,其名亦異,至秋已老成即統名曰"蒿",見"蒿"亦即蘩耳。今蒿屬植物之顯然具有白色者,當是艾蒿之類,其葉背白。

《詩・唐風・揚之水》："白石皓皓"，毛《傳》："皓皓，潔白也。"又《大雅・靈臺》："白鳥翯翯"，朱《注》："翯翯，潔白貌。"與"皓皓"同義。

案："皓"、"翯"一音之字，故其義亦同。"皓皓"、"翯翯"，又都爲"白"之副詞，其義爲"白"，自當無疑，故又可都訓爲"潔白"也。"蒿"與"翯"，都以"高"爲聲符，亦當都有"白"義。

"蒿"之爲名，本屬於白蒿之類，故以白色取名，而名之曰"蒿"耳。

《詩》："白鳥翯翯"，《孟子》引作"白鳥鶴鶴"。《說文》："翯，鳥白肥澤貌。"又曰："皞，鳥之白也。""翯"與"皞"音義相近。何晏《景福殿賦》："皞皞白鳥"，"皞皞"，當即"翯翯"。"鶴鶴"、"皞皞"、"翯翯"都是一詞，引用各有不同者，各家《詩》本之異也。

"鶴"亦鳥名，因其鳥羽色白而名。"蒿"名亦取義於白。葉白之草之名"蒿"，猶如羽白之鳥之名"鶴"一例。

169. 榔榆（姑榆、郎榆）

榆屬（*Ulmus* L.）植物，約有十餘種，多在春季開花結實，花在生葉之前開放。惟榔榆（*Ulmus parvifolia* Jacq.）特在夏秋間開花結實，其花簇生於葉腋，其果實亦較小。

《太平御覽》卷九百五十六引《廣志》曰："有姑榆，有郎榆。郎榆無莢，材又任車用，至善。"案：郎榆，即榔榆。所謂"郎榆無莢"者，觀察不周之故。

榆

人的稱謂，女者爲"姑"，男者爲"郎"。引申，凡動植物之雌雄性別亦可用之。"姑榆"者，即今普通之榆樹（*Ulmus pumila* L.），以其春日開花結果，認爲它有生子的能力，故曰"姑榆"。榔榆，夏秋開花結實，人不易見，在春時與普通的榆樹相比，不見其花實，認爲它是雄性不能生子，故曰"郎榆"。後來，植物名稱之爲木本者多加木旁，即作"榔榆"了。

170. 艾

灼體療疾謂之灸。今燃艾（*Artemisia argyi* Lévl. et Vant.）葉以灸病，古亦如此。《證類本草・草部中品之下》載"艾葉"一條，引《名醫別錄》曰："艾葉，味苦，微溫，無毒；主灸百病。"可見古今灸病皆用艾葉。

《本草綱目》李時珍引王安石《字說》云："艾可乂疾，久而彌善，故字從乂。"案："乂"有治義。《字說》蓋謂"艾"之爲名，取於治病之義；而又以"艾"有久義，故兼云"久者彌善"。

《詩・小雅・庭燎》："夜未艾"，毛《傳》云："艾，久也。""艾"字亦訓"久"，故"耆艾"爲老者之稱。

今疑："艾"有久義,與灼病之灸同音。久可曰艾,艾自亦可曰久,故灸病之草名"艾",不必如荆公《字説》之釋。

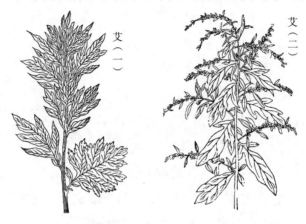

艾(一)　艾(二)

171. 曇花(無花果)

華蓋花.

仙人掌科植物有曇花〔*Epiphyllum oxypetalum*(DC.)Haw.〕。俗有"曇花一現"之語,這一種植物開花的時間短暫,故有"曇花"之名。

或曰:既有"曇花一現"之語,必先有曇花之物,請問:仙人掌科的曇花是否即原來的曇花? 或者原來的曇花究爲何物? 答曰:仙人掌科的

---

* 《植物名實圖考》卷三十:"華蓋花,產廣東……戲呼爲曇花。"——編者注。

曇花因"曇花一現"而生，自非原有的曇花；而其實也没有原來的曇花；"曇花一現"之語，也是出於誤會。

優曇花（一）

優曇花（二）

　　杭世駿《訂訛類編》卷六《優曇鉢》條云："東坡《贈蒲澗長老詩》：'優鉢曇花豈有花，問師此曲唱誰家？'《法華經》：'佛告舍利佛，如是妙法，如優曇鉢花，時一現耳。'《太平寰宇記》：'廣州産優曇鉢，似枇杷，無花而實。'蓋蒲澗寺在廣州，故公用此。但止有優曇鉢花，未聞有稱'優鉢曇'者。意公失于檢點，因平仄相協，不覺有誤，遂不起疑，與《追和戊寅上元詩》：'石建方欣洗牏厠'，本係'厠牏'，一時少加查考，故致誤耳。"這是説宋時蘇東坡（軾）誤將"優曇鉢"用作"優鉢曇"的。

　　因東坡誤用《法華經》"如優曇鉢花，時一現"之意，爲詩曰"優鉢曇花豈有花"，遂又有"曇花一現"之語。因"曇花一現"之語，而後乃有仙人掌科植物"曇花"之名。由上述杭世駿的記載看來，已是很瞭然的了。

　　優曇鉢，即今之無花果（*Ficus carica* L.）。無花果之花,隱藏於肉質的總花托中,其總花托肥大即成一假果,故不見其開花而即成果,因有無花之名。佛言妙法"優曇鉢花時一現",實即不現耳。後人因"一現"係爲時短暫之意,又因"優曇鉢花"誤爲"優鉢曇花",省言之,遂有"曇花一現"之語。又因此仙人掌科植物之開花時間之短暫,即又名之爲"曇花"耳。

至於日本學者以美人蕉(*Canna indica* L.)爲曇華,則又不知其由何而誤。

172. 蠟梅(臘梅、狗纓、磬口、荷花、九英)

植物蠟梅〔 *Chimonanthus praecox* (L.) Link. 〕,"蠟"字或作"臘",以爲是臘月開花之故;其作"蠟"者,以爲是花瓣似蜂蜜之狀,因有其名。二説皆可通,似以後説爲長。

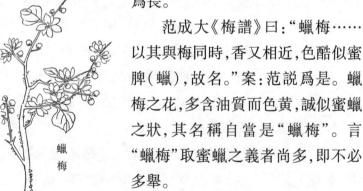

蠟梅

范成大《梅譜》曰:"蠟梅……以其與梅同時,香又相近,色酷似蜜脾(蠟),故名。"案:范説爲是。蠟梅之花,多含油質而色黃,誠似蜜蠟之狀,其名稱自當是"蠟梅"。言"蠟梅"取蜜蠟之義者尚多,即不必多舉。

《梅譜》記蠟梅之品種,又有"磬口"、"荷花"、"狗纓"等名。"磬口",以其出産地爲名者。"荷花",當謂其花被瓣葉之多狀似荷花耳。"狗纓"乃"狗蠅"之訛。今有狗蠅蠟梅,因其花之顏色及狀態似昆蟲中的狗蠅,故以爲名。狗蠅蠟梅是野生的蠟梅,因其可爲蠟梅之接本,故園中也常栽植,花小而最不美觀,故范氏《梅譜》也以"狗纓"爲最下之品。王象晉《羣芳譜》言蠟梅中有"九英"。"九英",也是"狗蠅"的訛變。由"狗蠅"一變而爲"狗纓",再變而爲"九英",變俗爲雅,愈變就愈難知其真實的意思了。

173. 秦椒（蜀椒）

《證類本草·木部中品》載有《神農本草》之"秦椒",《名醫別錄》說它"生太山川谷及秦嶺"。

秦椒（蜀椒）

又引陶弘景《本草注》云:"今從西來,形似椒而大,色黃黑,味亦頗有椒氣,或呼爲大椒。又云:即今樛樹。而樛子是猪椒,恐謬。"案猪椒,又名狗椒,即是今之竹葉椒（ *Zanthoxylum planispinum* Sieb. et Zucc. ）;椒,即今之花椒（ *Zanthoxylum bungeanum* Maxim. ）。《本草》中所說的"秦椒",總是花椒屬（ *Zanthoxylum* L. ）植物。

花椒屬植物之一種而稱爲"秦椒"者,該當是因其出於秦地。《名醫別録》説秦椒的生産地有"秦嶺"。《唐本草注》云："秦椒樹,葉及莖、子都似蜀椒,但味短實細。藍田南、秦嶺間大有也。"掌禹錫引《范子計然》云："蜀椒出武都,赤色者善。秦椒出天水、隴西,細者善。"天水,也是古時的秦地。秦椒出秦嶺及天水一帶,就是它取名"秦椒"的緣故。而且"秦椒"與"蜀椒"爲一例之名,自然都是以其出産地而取名的。

如今北京地方,又呼辣椒(*Capsicum annuum* L.)爲"秦椒",這大概是"辛椒"一音的訛轉。"辛"與"辣"同義。疑是辣椒先有"辛椒"之名,而後訛轉而呼爲"秦椒"的。

174. 瞿麥(巨句麥、大菊、麥句薑、蘧麥、麥䊛、鼠䊛草)

今植物瞿麥(*Dianthus superbus* L.),與石竹(*Dianthus chinensis* L.)甚爲相似。其花之外萼苞片葉狀而開展者,爲石竹;其花之外萼苞片不開展而作鱗片狀者,爲瞿麥。

"瞿麥"之名,見於《本草》。《證類本草·草部中品之上》録之。其載《神農本草》之文曰:"瞿麥……一名巨句麥。"其載《名醫別録》曰:"一名大菊,一名大蘭。"陶弘景《注》云:"今出近道。一莖生細葉。花紅紫赤可愛。……子頗似麥,故名瞿麥。此類乃有兩種:一種微大,花邊有叉椏。……一種,葉廣相似而有毛,花晚而甚

赤。"今案：陶氏所稱之"花邊有叉
椏"者，即花瓣有缺裂之一種，當是
今之瞿麥。其一之"葉有毛"而"花
甚赤"者，不知是今之何種。

絳州瞿麥

《證類本草》中，又載有蘇頌《圖
經本草》"絳州瞿麥"圖。今案其所
繪者，似是花下具有開展而作葉狀
之外萼，當是今之石竹。大蓋是因
爲石竹與瞿麥相似，二種都供藥用，又都稱爲"瞿麥"。

陶弘景解釋"瞿麥"的名稱説："子頗似麥，故名瞿
麥。"這是妄言。石竹屬植物種子細小，未有其形可似
麥者。《圖經本草》蘇頌的記述説："瞿麥……苗高一尺
以來。葉尖小，青色。根紫黑色，形似細蔓菁。花紅紫
赤色，亦似映山紅，二月至五月開，七月結實作穗子，頗
似麥，故以名之。"案此所記述者，也是今之瞿麥。其曰

瞿麥

"花紅紫赤色，亦似映山紅"者，
謂瞿麥花之顏色亦有似映山紅
者耳，非謂其花形似杜鵑花科
之映山紅，仍然不是一特殊之
種。其曰"結實作穗子，頗似
麥，故以名之"者，大蓋是指瞿
麥宿存之外萼而言。瞿麥外萼
之苞片作鱗片狀有如穗子，故
蘇頌以爲其似麥，以之解釋

"瞿麥"之名稱。瞿麥雖有宿存之外萼,究竟與麥穗相去甚遠,蘇氏之言,也是強解。陶弘景及蘇頌之解釋"瞿麥"名稱,一者以爲"子頗似麥",一者以爲"結實作穗子,頗似麥",而都未涉及"瞿"字的意思,應該也是一個問題。

植物名稱,多用別字,《本草》之"瞿麥"名下,又有"巨句麥"、"大菊"之別名,"巨句"者"瞿"之連綿語,"菊"與"瞿"爲一聲之字,即已可見"瞿麥"之"瞿"未必是其本字。

《爾雅·釋草》:"大菊,蘧麥。"郭璞《注》云:"一名麥句薑,即瞿麥。"是"瞿麥"又作"蘧麥"。"麥句"即"瞿麥"之倒轉,又因"薑"者,也該是另有其故的。

"瞿麥"這一植物名稱,要想得到正確的解釋需要弄清這一名稱的原字。

《左傳·宣公十二年》記載楚兵圍蕭而蕭潰敗之事,楚大夫申叔展與蕭大夫還無社相識,因作隱語曰:"有麥麴乎?"蓋麥麴爲禦濕之藥,暗示欲還無社匿藏於水中以免於難。今案:薑,古時稱爲禦濕之菜。麥麴也可禦濕,可知郭璞所説之"麥句薑",即是《左傳》中之"麥麴"。"麥麴"也即是瞿麥。植物的古今名稱字有假借,其名字或有顛倒者,也是文法之異,不足爲怪。瞿麥之別名"大菊",也即是"大麴"。

麴,是作酒所用之物。作酒時有用植物爲加味料者,其植物之名稱或也用"麴"字,如鼠麴草(一名水蟻草),當是古時供爲虮蜉酒之用者,故名"鼠麴"。"鼠"
字在植物名稱中常爲"小"義。瞿麥即麴麥,一名"大
菊"即大麴,"大麴"正與"鼠麴"爲相對之名,當是以其
物可相類從,而以"大"、"小"之形容詞以爲區別。疑瞿
麥也爲作酒所用之物,與鼠麴爲別而名"大麴"?"瞿
麥"即"麴麥",或作"麥麴","麥"者當爲"麴"之形
容詞。

瞿麥爲多年生植物,其春日初生之苗葉,狀態頗似
麥苗,"瞿麥"之言"麥"者,當是指其苗之形狀而言,不
關其"子"及"穗子"之狀。

《名醫別録》瞿麥又"一名大蘭",案:"大蘭"無所
取義。疑"大蘭"原是"大菊"之譌?《名醫別録》爲陶
弘景輯録諸名醫之著作而成,恐是別本有譌作"一名大
蘭"者,陶氏遂並録之耳。

175. 敗醬

今植物有敗醬(*Patrinia villosa* Juss.)。因而分類
學上之名稱又有敗醬屬(*Patrinia* Juss.)、敗醬科
(Valerianaceae)。

"敗醬"之名見於《神農本草》,《證類本草·草部中
品之上》載之。陶弘景《注》云:"出近道。葉似豨薟,根
形似茈胡。氣如敗豆醬,故以爲名。"此種"葉似豨薟"
之敗醬,記載簡略,今不知其究爲何種。謂"敗醬"之名

敗醬

稱,對於其植物之氣味而言,則敗醬是一具有特殊氣味之植物可知。

《唐本草注》云:"此藥不出近道。多生崗嶺間。葉似水莨及薇銜,叢生,花黃,根紫,作陳醬色。其葉殊不似豨薟也。"此乃駁陶氏之言,其所記之敗醬,當又爲一種。然其所記也不詳細,難以確知當爲今之何種。此種花爲黃色,可能是日本的"女郎花"(*Patrinia scabiosaefolia* Fisch.)。松村任三《植物名匯》即以此種爲"敗醬"。

《本草綱目》李時珍也有關於敗醬之記述,其言曰:"處處原野有之。俗名苦菜,野人食之,江東人每采收儲焉。春初生苗,深冬始凋。初時葉布地生,似菘菜葉而狹長,有鋸齒,綠色,面深背淺。夏秋莖高二三尺而柔弱,數寸一節。節間生葉,四散如繖。顛頂開白花,成簇,似芹花、蛇牀子花狀。結小實,成簇。其根白紫,頗似柴胡。"此種花爲白色,與《唐本草注》所言之黃花者不同。李氏之描述較詳,似即日本之"男郎花"(*Patrinia villosa* Juss.),即是今之敗醬。今以此種爲敗醬,大蓋是根據《本草綱目》。

今敗醬屬(*Patrinia* Juss.)植物,有特殊氣味,其名爲"敗醬"者,當如陶弘景所言"氣如敗豆醬"。陶氏所記之一種,應該也是今敗醬屬植物。

176.酸漿(寒漿)

今茄科植物有酸漿〔*Physalis alkekengi* var. *franchetii* (Mast.) Makino〕,是一種很普通的植物,而其名稱"酸漿",却是有些難以理解。

"酸漿"之名,見於《神農本草》,《證類本草·草部中品之上》載之。《神農》曰:"酸漿,味酸。……一名醋漿。"陶弘景《注》云:"處處人家多有,葉亦可食。子作房,房中有子如梅李大,皆黄赤色,小兒食之。"案:《本草》中的酸漿,與今者無異。今驗其植物,並無顯著之酸味,名爲"酸漿"令人難解。《神農》之言"味酸"者,是舊時醫家把藥物分爲五味以配五行之説而起,不必全然符合事實。

酸漿

《本草綱目》李時珍曰:"酸漿,以子之味名也。"他説"酸漿"的果實味酸而得名的。今驗酸漿之果實,並不甚酸,既非突出的特點,而以之取名,不能無疑。

寇宗奭《本草衍義》云:"酸漿,今天下皆有之。苗如天茄子,開小白花,結青殼,熟則深紅,殼中子大如櫻,亦紅色,櫻中腹有細子,如落蘇之子,食之有青草氣。此即苦耽也。"案此段描寫較詳,正是如今茄科植物之酸漿。寇氏説酸漿的果實"食之有青氣",也可見酸漿的果實並不真酸。李時珍的解釋,也就不確了。

《證類》"酸漿"之下,又引《蜀本草》曰:"根如葅芹,白色,絶苦,搗其汁治黄病多效。"是酸漿之根甚苦,也無酸味。

酸漿之苗、葉、莖、根以及果實都無顯著之酸,而名"酸漿",必然別有其故。

《爾雅・釋草》:"葴,寒漿。"郭璞《注》云:"今酸漿草,江東呼爲苦葴。"又於"葴"字下作音注云:"音針。"《爾雅・釋草》又曰:"蘵,黄蒢。"郭璞《注》云:"蘵草,葉似酸漿,華小而白,中心黄,江東以作葅食。"此雖以"葴"與"蘵"爲二物,然其二者爲相近之植物。

崔豹《古今注》曰:"苦葴,一名苦蘵。子有裹,形如皮弁,始生青,熟則赤,裹正圓如珠,子亦隨裹青赤。長安兒童謂爲洛神珠,亦曰王母珠,亦曰皮弁草。"案此所言之植物,當是酸漿。"蘵"即"蘵"。以"葴"與"蘵"爲一物,與《爾雅》及郭璞之《注》稍有不同。

《證類本草・菜部上品》載有《嘉祐本草》之"苦耽",曰:"生故墟垣塹間。高二三尺;子作角如撮口袋,中有子如珠,熟則赤色。……關中人謂之洛神珠,一名王母珠,一名皮弁草。又有一種小者名苦蘵。"此所記之"苦耽",仍是今茄科植物之酸漿。而曰"有一種小者名苦蘵",是又以爲"耽"與"蘵"有別。

根據上述各項文獻可知,今茄科植物之酸漿,於古時已有各種別名了。“葴”、“蘵”（或作“薽”，或作“藯”）及“耽”，都是音近之字，可能原指一物。又因此類植物並非一種（今酸漿屬植物亦有數種），因而或以其大、小爲別。總之，這一酸漿屬之植物，除供藥之外，也供作爲蔬食用，故郭璞云：“江東以爲菹食”，而《嘉祐本草》又於菜部重出。

“酸漿”之名，我們就可從這“江東以爲菹食”上得到解釋。

《説文》：“菹，酢菜也。”“酢”，古“醋”字。“酢菜”，義即酸菜。劉熙《釋名》云：“菹，阻也。生釀之，遂使阻於寒温之間，不得爛也。”以爲菹菜是用生菜醞釀而成者，即今四川所作的泡菜，也即是陝、甘所作的漿水菜。茄科植物之“酸漿”草之嫩苗可作菹菜，故以爲名，意思即是可爲酸味之漿水菜耳。

《爾雅》“寒漿”即酸漿，兩個名稱的取義，也當有關。《詩·邶風·谷風》曰：“我有旨蓄，亦以御冬。”古人蓄聚美菜以爲冬寒之用，必釀之使酢，始能久藏，故曰“酸漿”，亦曰“寒漿”。今或曰“鹹菜”，當即寒菜。江南“寒”、“鹹”一音，故可互用。

177. 紅姑娘

酸漿〔*Physalis alkekengi* var. *franchetii*（Mast.）Makino〕一名“紅姑娘”。此植物之用途及形象，都與“姑娘”無

干,恐是別有來歷?

《本草綱目》引楊慎《卮言》曰:"《本草》'燈籠草'、'苦耽'、'酸漿',皆一物也。修《本草》者非一時一人,故重複耳。燕京野果名'紅姑孃',外垂絳囊,中含赤子如珠,酸甘可食,盈盈繞砌,與翠草同芳,亦自可愛。蓋'姑孃'即'瓜囊'之訛。古者'瓜'、'姑'同音,'孃'、'囊'之音亦近耳。""孃",古"娘"字。這是説,"姑娘"即"瓜囊"之訛。

今案:酸漿之果實,作圓珠狀,熟時紅色。其外包有膨大之宿萼,如撮口布袋,亦稍有角棱而作小瓜之形,隨果實之成熟也作紅色,即所謂"絳囊"者耳。楊慎之意,當是以此"絳囊"外形似瓜,本名"紅瓜囊"而訛轉爲"紅姑孃"者。其説似也有理。然而,"紅瓜"二字,已包括囊義在内,而又加"囊"字,嫌其重複。

《説文》:"釀,菜也。"《齊民要術》有作"釀菹"之法。"菹"是酸菜。酸菜之由醞釀而成者謂之"釀菹",故"釀"字可有菜義。今疑"紅姑娘"是由"紅瓜釀"之訛轉。"紅瓜釀"者,意即謂其果實如紅瓜之釀菜。

178. 黄蓗

《爾雅·釋草》:"蘵,黄蓗。"郭璞《注》曰:"蘵草,葉似酸漿,華小而白,中心黄,江東以爲菹食。"是黄蓗乃酸漿之類。

　　《證類本草·菜部上品》於"苦菜"之下附"苦蘵",而引陳藏器曰:"苦蘵,味苦,寒,有小毒。擣葉傅小兒閃癖。煮汁服,去暴熱、目黃、秘塞。葉極似龍葵;但龍葵子無殼,苦蘵子有殼,蘇云是龍葵,誤也。人亦呼爲小苦耽。崔豹《古今注》云:'苦蔵,一名苦蘵,子有裹形如皮弁,始生青,熟則赤,裹正圓如珠。'"據此,則苦蘵與龍葵有别,其果實也有如酸漿一樣由宿萼所成之囊殼,當即今酸漿屬(*Physalis* L.)植物之一種。

　　"蘵"即"蘵"之或體字。"蘵",當即"苦蘵",其別名又曰"黃蒢"。據陳藏器言,苦蘵爲藥,有去目黃之效,其名曰"黃蒢"者,當與其去"目黃"有關。

　　"目黃",肝病之症狀,也稱爲"黃病"。

　　《證類本草·草部中品之上》於"酸漿"下引陶弘景《注》云:"主黃病多效。"又引《蜀本草》云:"治黃病多效。"可見酸漿也治黃病。苦蘵與酸漿本是同屬植物,故其治病之效用也相同。

　　酸漿屬(*Physalis* L.)植物,能去黃病,而名曰"黃蒢"當即其取名是由於去除黃病而起。後人因其植物爲草,因加草頭而作"蒢"耳。

　　郝懿行《爾雅義疏》於"蘵,黃蒢"下云:"按此即上文'蔵,寒漿',華小而白,開作五出,中心甚黃,故名黃蒢。"這是根據郭璞《注》而加以敷衍者。郭《注》只言"華小而白,中心黃",郝氏於"黃"上加以"甚"字,以便其"黃蒢"名義的解釋。今未見酸漿屬(*Physalis* L.),或其相近似之茄科植物有花白而中心具顯然之“甚黃”
者,可知郝說其並無實據。在植物中,也未見有以花之
中心之顏色取名者。若果“黃蒢”之名由其花中心之黃
色而起,則其“蒢”字又是何義?

　　酸漿與苦蘵,都供菜用。作菜用者,自是其嫩苗,故
又有“苦菜”之名。凡植物之嫩苗而可作菜食者也可稱
“荼”,故苦菜稱爲“荼”。若以“黃蒢”之“蒢”作“荼”,
也可解釋。然與“黃”字無義。且字不作“荼”而作
“蒢”,究竟不能無因,故今解釋“黃蒢”爲去除黃病之
義,當較貼切。

　　《爾雅》,雖非一時一人之作,然其書之行成,不晚
於西漢初葉。《本草》說酸漿及苦蘵能治黃病,而“黃
蒢”之名見於《爾雅》,即可知我國用此藥物以治肝病之
時代。

179. 龍葵（龍珠）

　　龍葵(*Solanum nigrum* L.),習見之茄科植物。其葉
橢圓形, 略 與 酸漿〔*Physalis alkekengi* var. *franchetii*
(Mast.)Makino〕相近似。花白色。結小而作珠形之果
實,熟時黑色。

　　“龍葵”之名,見於《唐本草》,《證類本草‧菜部上
品》載之。《唐本草注》云:“即關河間謂之苦菜者。葉圓,

花白。子若牛李子,生青熟黑。但堪煮食,不任生噉。"此"龍葵",正與今者一物。"牛李"即今之鼠李(*Rhamnus* sp.)。今鼠李屬(*Rhamnus* L.)植物有小形、熟而爲黑色之果實,正與今之龍葵相似。其曰"葉圓,花白",也與今龍葵一致。

龍葵

　　"龍葵"之名,緣何而生?是個問題。

　　《顔氏家訓·書證篇》云:"江南别有苦菜,葉似酸漿,其華或紫或白,子大如珠,熟時或赤或黑。此菜可以釋勞。案:郭璞注《爾雅》,此乃'蕺,黄蒢'也。今河北謂之龍葵。"案:今龍葵,無有作赤色之果實者。又言其花之"或紫或白",也與今之龍葵不合。顔氏所言之龍葵,實無有如此之一種植物,大蓋是把今酸漿屬(*Physalis* L.)植物與今之龍葵混而爲一了。

　　《嘉祐本草》又引《藥性論》云:"龍葵……子甚良,其赤珠者名龍珠。"這一赤果之龍珠,當是酸漿屬(*Physalis* L.)植物。酸漿或苦蘵,有"洛神珠"及"王母珠"之别名,"龍珠"也當是此類名稱之一。

　　"葵",本菜之一種,申引而用爲菜之總名。凡菜之類,往往名曰某葵、某葵。"龍葵",菜之一種,故有"葵"名。"龍"者,疑是緣"龍珠"而生,"龍葵",恐是"龍珠葵"之簡稱。

180. 菟葵（兔絲）

菟葵,諸家本草及丹術家記述頗不一致,所用自非一種。然都以菟葵有滑,能堅丹鉛,實即其植物具有黏液,可爲制藥之黏合劑耳。因描述不詳,未能盡其爲何種。

菟葵

《證類本草・草部中品之下》載寇宗奭《本草衍義》云:"菟葵,緑葉如黃蜀葵,花似拗霜,甚雅,形如至小者初開單葉蜀葵,有檀心,色如牡丹姚黃,蕊則蜀葵也。"此一記述,頗爲具體,今驗之,當是錦葵科(Malvaceae)植物無疑。其所述花、葉之形色,尤似今之野西瓜苗(*Hibiscus trionum* L.)。

案:寇宗奭説菟葵,花形"如至小者初開單葉蜀葵",其花自較蜀葵甚小可知。又曰"蕊則蜀葵也",即謂菟葵雌雄蕊與蜀葵一樣,知其必爲錦葵科植物。因其他各類植物罕有如此特異之雌雄蕊者。其曰花之顏色"如牡丹姚黃"者,正與今野西瓜苗之花色一致,牡丹品種之姚黃即如野西瓜苗花之淺黃色。又曰"有檀心",謂花瓣基部有檀色,即紫黑色,正與今野西瓜苗一致。據此各個特點,可知菟葵當是野西瓜苗。野西瓜苗爲錦

葵科植物與黃蜀葵（*Hibiscus manihot* L.）同屬，自可具
有黏液，也與莵葵無異。

"莵"即兔，因其爲植物之名而加草頭。兔字用作
植物名稱時，常爲"細小"之義，如兔絲即是其例。野西
瓜苗，與葵同類而其植物形小，故名"莵葵"。

181. 側金盞

側金盞，原爲南方所産的一種花卉，宋人范成大所
著之《桂海虞衡志》載之。《志》曰："側金盞，花如小黃
葵，葉似槿，歲暮開，與梅同時。"案："小黃葵"當是冬
葵、蜀葵之類，"槿"即木槿之類，范氏所言之"側金盞"，
當是錦葵科（Malvaceae）植物。日人松村任三以毛茛科
（Ranunculaceae）植物之"*Adonis davurica* Ledeb."當之，
是一錯誤。

毛茛科之"*Adonis davurica* Ledeb."學名或作"*Adonis*
amurensis Regel et Radde"；達呼
里、阿穆爾，皆我國東北地名，其
植物不産於"桂海"可知。且此
植物，花之花瓣甚多，葉爲二回
羽狀複葉，又何能與《桂海虞衡
志》所記"花如小黃葵，葉似槿"
者妄相比擬？松村之誤，顯而
易見。

黃
蜀
葵

又,黃蜀葵(*Hibiscus manihot* L.)亦有"側金盞"之別名,見於《本草綱目》。李時珍所作"黃蜀葵"之描述,與今者無異。其描寫黃蜀葵之花曰:"六月開花,大如碗,鵝黃色,紫心,六瓣,而側,旦開,午收,暮落,人亦呼爲'側金盞花'。"這裏疊出一個"側"字。其曰"而側"者,當謂其花爲側生,非向上朝天而直立耳。黃蜀葵之花黃色,開時猶金盞之狀而又側生,故有"側金盞"之別名。

《桂海虞衡志》之"側金盞",也是黃色如葵之花,當與黃蜀葵相類,其名"側金盞"者,也當與黃蜀葵別名的取義相同。

毛茛科 Adonis 之花常單生枝之頂端,無側生之狀,其色雖黃,又何能有"側金盞"之名? 即此名稱,也可見松村是弄錯了的。

182. 蛇含(蛇全、蛇銜)

蛇含,藥草,載於《本草》。諸家本草之書,所記蛇含之形狀不詳,難以辨其究爲何物。據《證類本草·草部下品之上》轉載蘇頌《圖經本草》"興州蛇含"之圖,知其實爲薔薇科(Rosaceae)委陵菜屬(*Potentilla* L.)之植物。今以蛇含之學名爲"*Potentilla kleiniana* Wight. et Arn.",與圖略合。

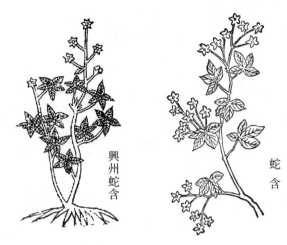

興州蛇含

蛇含

《神農本草》作“蛇全”，又曰“一名蛇銜”。“銜”、“含”二字，音義皆近。“蛇全”，當是“蛇含”之誤，《唐本草注》已正之。

《本草綱目》李時珍引劉敬叔《異苑》云：“有田父，見一蛇被傷，一蛇銜一草着瘡上，經日傷蛇乃去。田父因取草治蛇瘡，皆驗，遂名曰蛇含草也。”他如此解釋“蛇含”之名。

案：《異苑》之説，神話性質，治蛇身之瘡傷與蛇傷人之瘡不分，其爲神説可知。李氏引以解釋藥名，也脱離了實際。

陳藏器《本草拾遺》云：“蛇銜，主蛇咬。”《日華子本草》云：“蛇含，能治蛇蟲蜂虺所傷，……又名威蛇。”“含”、“銜”義相通，都有口咬之義。因其植物能治蛇咬，故謂之蛇含草，豈可作神話式之曲解。

183. 風船葛

　　風船葛(*Cardiospermum halicacabum* L.)，爲一種細蔓，具有二回或三回羽狀複葉之植物，常栽培於籬落之間，優美可觀。其菓實如膀胱之狀，膨大而作球形，亦其特色。

　　"風船葛"爲日本名稱。日本謂氣球爲風船，因其菓實似之，故有是名。葛爲蔓生植物，引申凡蔓生者即以"葛"名之。

184. 芄蘭

　　"芄蘭"之名出於《詩經》。《衛風·芄蘭》云："芄蘭之支。"《爾雅·釋草》："萑，芄蘭。"郭璞《注》云："萑，芄。蔓生，斷之有白汁，可啖。"陸璣《毛詩草木鳥獸蟲魚

蘿藦

疏》云："芄蘭，一名蘿藦，幽州人謂之雀瓢。蔓生。葉青綠色而厚，斷之有白汁，鬻爲茹，滑美。其子長數寸，如瓠子。"據陸、郭二氏之説，可知"芄蘭"即"蘿藦"，陸璣所言之"蘿藦"，與今之

蘿藦〔*Metaplexis japonica*（Thunb.） Makino〕亦無大差異，總是一種蔓生的蘿藦科（Asclepiadaceae）植物。

從芄蘭爲蔓生植物上着眼，則"芄蘭"取名之義，即可得出解釋。

"芄"、"蔓"（音萬）同音之字。古者同音之字可互相假借，知"芄"即"蔓"。蘭爲香草，而其植物却有多種。今澤蘭屬（*Eupatorium* L.）植物古亦稱爲"蘭"，蘿藦之葉與花，形頗與之相似，故以類從亦有"蘭"名。"芄蘭"者，其義即謂蔓生之蘭耳。

郭璞云："萑，芄。"當是以"萑"爲"芄"之同音字，謂"萑"即"芄蘭"之簡名。《詩·豳風·七月》："八月萑葦"，"萑"即"萑"之簡體，朱《注》曰：萑，"音完"。即與芄音同。

185. 蛇莓

今薔薇科中有野生植物曰蛇莓〔*Duchesnea indica*（Andr.）Focke.〕，草本，蔓生，葉具三小葉，花黄色，花托膨大而乾燥，不供食用。其名"蛇莓"，自是草莓爲類從之名，而曰"蛇"者，易被人誤解爲蔓生之義，其實不然。

《證類本草·草部下品之下》載有蛇莓，引陶隱居（弘景）云："園野亦多，子赤色，極似莓而不堪噉，人亦無服此爲藥者。療溪毒、射工、傷寒、大熱甚良。"又引《蜀本圖經》云："生下濕處，莖端三葉，花黄，子赤，若覆

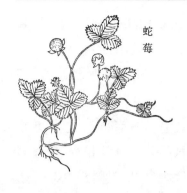

蛇莓

盆子。"案此兩家叙述,皆與今之蛇莓無異。其所謂"子"者,即由花托所成之假果;葉者,即其小葉,一葉柄之上具有三小葉,故云"莖端三葉"。所云"花黃","子赤","若覆盆子"而"不堪噉"等等,正是今之蛇莓無疑。

《證類》又引日華子云:"味甘酸,冷,有毒,通月經,爁瘡腫,傅蛇蟲咬。"這就可知其名於"蛇"之爲義。

莓即草莓,其假果與草莓相似,故爲類從而名"莓"。"蛇莓"者,謂其能傅治蛇咬之莓耳。

186. 油麥(莜麥)

山西及内蒙古地區多種油麥(*Avena nuda* L.)。其名字或作"莜",是不對的。"莜",常讀若翹,與蕎字音近,蕎麥,或有寫作"莜麥"者,油麥不可用之以別字,以免相混。

油麥麪粉作之食物,成形之

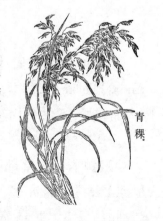

青稞

---

* 《植物名實圖考》卷一:"青稞即穬麥,一作油麥。"——編者注。

後不易互相黏着,若其上塗油者然,故有"油麥"之名,別作"莜"字,即無取義。

187. 虎榛子(虎豆、虎杖)

樺木科植物有虎榛子(*Ostryopsis davidiana* Decne.)。其植物較榛子屬(*Corylus* L.)爲矮小,而又無虎紋,其名"虎榛子"者何故?

凡植物名稱,用動物之名以爲形容詞者,如馬、牛、羊、鼠、虎之類,有時取其大小或形像之義,有時亦非此類之義而爲一種對於別一種之區指。如"馬"爲大義而"鼠"爲小義,以動物之大小以示植物之大小,然鼠李亦名牛李,則大小之義爲不可解。虎豆、虎杖,皆用其植物之某部具有斑之文,然虎刺有刺無文,又當作爲何解?此"虎刺"之名,亦不過區別其他有刺之植物耳。

"虎榛子"者,以其似榛子,而名加"虎"字,以爲區別,不取其他之義。

188. 東風菜

今菊科植物有東風菜〔*Doellingeria scaber*(Thunb.)Nees.〕。其名見於《嘉祐本草》,今有《證類本草·菜部下品》載之,其文云:"東風菜,味甘,寒,無毒。主風毒壅熱,頭疼,目眩,肝熱,眼赤。堪入羹臛煮食,甚美。生

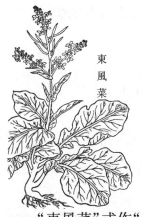

東風菜

嶺南平澤。莖高三二尺,葉似杏葉而長,極厚軟,上有細毛。先春而生,故有東風之號。"案:《月令》云:孟春三月,"東風解凍"。《嘉祐本草》之意蓋謂"東風"表示春日之義,而又曰:"先春而生",則此菜嶺南爲冬生之植物無疑,其名曰"東風"者,恐有所訛。

"東風菜"或作"冬風菜"。案:作"冬"合理,而"冬風"則無所取義,"風"當也是訛字。疑其名當作"冬葑"或"冬蕻",因音近而皆可訛爲"東風"。葑者,菜名,可申引爲菜義。蕻者,一義爲水草,與"葒"同;一義爲菜,如冬食之菜曰"雪裏蕻",即用其後一義。"東風"爲冬生之菜,而始於春生,嶺南之氣候亦不當從《月令》之義以爲菜名,故所疑云爾。

189. 楰(杸)

《詩·小雅·南山有臺》:"北山有楰",陸璣《毛詩草木鳥獸蟲魚疏》云:"其樹葉木理如楸,山楸之異者,今人謂之苦楸。"《説文》云:"楰,鼠梓木。"案:楸與梓,同屬植物。據陸《疏》與《説文》,可知楰即今之梓屬(*Catalpa* L.)植物。

《廣韻》云:"楰,鼠梓,似山楸而黑也。"案:"楰"

字,各字書並音俞,與榆爲一聲之字。榆與枌一類植物,而以黑白爲別。"枌"取義於"粉"爲白,其相對之"榆",則取義於黑。鼠梓,似山楸而黑,故又名"椴",取義同"榆"之黑。

190. 茱萸

茱萸供食亦爲藥。藥用者,在《本草》書中稱爲"吳茱萸";其食用者,稱爲"食茱萸"。二者當是同屬植物,藥、食亦可互用。今植物上有吳茱萸之名,當即此類茱萸之屬,因欲有別於山茱萸之名,故以"吳茱萸屬"爲名,示其不同於山茱萸耳。

吳茱萸

今影印晦明軒本《證類本草·木部中品》所載《圖經本草》所繪吳茱萸之圖,一爲"越州吳茱萸"圖,其植物具羽狀複葉,花序在莖枝之頂端,爲今吳茱萸屬(*Evodia* Scop.)植物無疑。又一爲"臨江軍吳茱萸"圖,其所繪者則非與前者同屬,而別爲一物。又有"食茱萸"一條,載有"蜀州食茱萸"之圖,視其所繪者,亦是今吳茱萸屬(*Evodia* Scop.)植物。據此,已可見"吳茱萸"和"食茱萸"當是本爲一物,不過所使用者不限於一種耳。《證類本草》又引陳藏器曰:"本經

已有吳茱萸,云是口折者。且茱萸南北總有,以吳地爲
好,所以有'吳'之名。兩處俱堪入食。若充藥用,要取
吳者。止可言漢之與吳,豈得云食與不食。其口折者是
日乾,口不折是陰乾。本經云'吳茱萸'又云'生宛朐',
宛朐既非吳地,以此爲食者耳。蘇(敬)重出一條。"陳
氏亦直言食茱萸和吳茱萸爲一物。

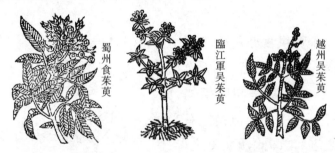

蜀州食茱萸　　臨江軍吳茱萸　　越州吳茱萸

　　《圖經本草》云:"食茱萸……宜入食,羹中能發辛香,
然不可多食。"據此可知,食茱萸爲食品之加味料。今四川
烹飪中用萸香,驗其實物,即今吳茱萸屬(*Evodia* Scop.)植
物果實。又《神農本草》及《名醫別録》云:"吳茱萸,味
辛,溫……生上谷川谷及冤句,九月九日採。"《圖經本
草》引《風土記》曰:"俗尚九月九日,謂爲上九,茱萸到
此日氣烈,熟,色赤,可折其房以插頭,云辟惡氣、禦
冬。"據此,則可知"茱萸"是個泛言的名稱,其初並不細
分"吳"與"食",而都爲今吳茱萸屬(*Evodia* Scop.)之植
物。藥用與食用者,是其果實。

　　由於上述之文獻及討論,茱萸爲今之何物,已經明
白;以下當言其所以名爲"茱萸"之取義。

《爾雅·釋木》:"椒、樧醜莍。"郭璞《注》云:"莍
茰,子聚生成房貌。今江東亦呼莍。樧,似茱萸而小,赤
色。"又:"櫟,其實梂。"郭《注》云:"有梂彙自裹。"案:古
字從艸者亦或從木,"莍"與"梂"當本爲一字,"梂彙"與
"子聚生成房",二者之義亦相近,都是子實有聚生狀態
的。櫟之一類,即今山毛櫸科(Fagaceae)之植物。此類
植物之果實具有殼斗,内含一個至幾個果實,故《爾雅》
謂如此之子實"梂"。吳茱萸屬(*Evodia* Scop.)植物的果
實,由幾個心皮所成,成熟後各自分開,若爲幾個子實聚
生一處之狀。椒即花椒屬(*Zanthoxylum* L.)之植物,其
果瓣開裂爲殼狀,與茱萸近似,故可曰:"椒、樧醜莍。"
"醜"義爲類,謂花椒與茱萸之類具有莍彙之子實耳。
"萸"字,當亦"梂彙"之義。萸與彙二字,實爲一聲之
轉,猶若蔚字之有兩音讀者然(《廣韻》"蔚"字,"於胃
切",音慰;又"紆物切",音鬱),其一音與"彙"相近,別
一音與"萸"相近,是萸之義當即彙,亦即"梂彙"。又
"貴"字本作"賮",爲從貝臾聲之字,見臾字之音可讀若
貴,而音又近彙,則"萸"亦爲"莍彙"之義,又復何疑!

知"萸"字有"梂彙"之義,則"茱萸"爲名之取義,
就容易明白了。

"茱",當即朱,赤色之義。茱萸之果實成熟時作
赤色,而其房聚成梂彙,故名"茱萸"耳。今吳茱萸
(*Evodia* Scop.)植物之果實,成熟時多帶赤色,《本草》
書中亦多謂吳茱萸與食茱萸之子色赤,而《風土記》更

謂:"九月九日……爲上九,茱萸到此日氣烈,熟,色赤,可折其房以插頭。"這些,都是茱萸之子實爲聚生而呈赤色之證,"茱萸"爲名之取義,也就顯而易見了。

191. 山茱萸

山茱萸(*Cornus officinalis* Sieb. et Zucc.)在植物分類學上,屬於山茱萸科(Cornaceae),與吳茱萸(*Evodia* Scop.)之屬於芸香科(Rutaceae)者大不相同。吳茱萸亦泛稱茱萸,以其果實與色澤而得名(説見"茱萸"條)。此山茱萸之果爲核果,雖爲紅色而絶與吳茱萸屬(*Evodia* Scop.)之果實不相近似,其名曰"山茱萸",與茱萸之名稱相類從,當是別有緣故。

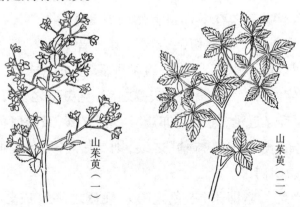

山茱萸(一)　　山茱萸(二)

凡植物名稱之以類相從者,或認爲彼此確爲一類,或亦只因其外形相似,或因其用途相仿,三者必居其一。今山茱萸與吳茱萸之屬(*Evodia* Scop.),形像懸殊,難以視爲一類,而在名稱上有類從之義,必當因其用途相關。大概是它們在藥用上有同功之效,請看《本草》之書,可以知之。

《證類本草·木部中品》載有"吴茱萸"、"食茱萸"及"山茱萸"。"食茱萸"條云:"功用與吴茱萸同。"兹將"吴茱萸"條及"山茱萸"條之《神農本草》與《名醫別録》中有關性味與功用之文字録出,二者作一比較,則"山茱萸"爲名之故,當即可以顯見。

"吴茱萸"條云:

> 吴茱萸,味辛,温,大熱,有小毒。主温中,下氣,止痛,欬逆,寒熱,除濕血痹,逐風邪,開腠理,去痰、冷、腹内絞痛、諸冷實不消,中惡,心腹痛,逆氣,利五藏。根殺三蟲。根白皮殺蟯蟲,治喉痹,欬逆,止洩,住食不消,女子經、産餘血,療白癬。

"山茱萸"條云:

> 山茱萸,味酸,平,微温,無毒。主心下邪氣,寒熱,温中,逐寒濕痹,去三蟲,腸胃風邪,寒熱,疝瘕,頭風,風氣去來鼻塞,目黄,耳聾,面疱,温中,下氣,出汗,强陰,益精,安五藏,通九竅,止小便利;久服輕身、明目、强力、長年。

以上所録吴茱萸及山茱萸有關藥物功用之文,兩相對比,凡其功用之大致相同者,都加點號以示之,其主要功用相同之意,已可概見。

"山茱萸"之爲名,當是與茱萸在作藥上有大致相同之功用,因亦以"茱萸"爲名,而加"山"字,以與吳茱萸及食茱萸爲別。

192. 柴胡

柴胡,藥用者多爲北柴胡(*Bupleurum chinense* DC.)。"柴胡"之名,頗難解釋。

柴
胡

《證類本草·草部上品之上》載有柴胡,引《神農本草》作"茈胡",《唐本草注》云:"茈,是古紫字。《上林賦》云'茈薑',及《爾雅》云'藐,茈草',並作'茈'字,且此草根紫色,今太常用茈胡是也。又以木代糸,相承呼爲柴胡。且檢諸《本草》無名此者。《傷寒》大小茈胡湯,最爲痰氣之要。若以芸蒿根爲之,更作茨音,大謬矣。"案:據此,"柴胡"本是作"紫胡"的。"茈"即古紫字,由紫薑、紫草之紫字並作"茈"可證,並且説柴胡之根爲紫色。

今檢柴胡之根雖非正紫色而作暗赤色,亦非不可謂之紫。《唐本草注》的説法,大概是對的。

胡字有大義,凡根之膨大者可以謂之胡。"紫胡"者,大概是指其植物具有紫色而膨大之根?"柴胡"之義難解,今且暫從《唐本草注》之説。

193. 前胡

　　藥用前胡,今日所用者,未詳究是何種。以 *Peucedanum decursivum* Maxim. 爲《本草》中之前胡者,始見於松村任三《植物名匯》。

　　蘇頌《圖經本草・柴胡》下有云:"根赤色,似前胡而强。"言柴胡比前胡粗大,則是前胡較柴胡爲纖細。"前"、"纖"音近之字,而藥慣用別字。疑"前胡"即"纖胡",意謂其根似柴胡而較纖耳。

194. 芨芨草

　　内蒙古多有芨芨草〔*Achnatherum splendens*(Trin.) Nevski〕,其草高及丈餘,綿亘達數十百里以至有千里者。人有用此草織蓆、蓋屋及爲其他之器具者。或稱之曰"蓆箕草",就其用途而言。"芨芨",當是"蓆箕"之訛轉。

　　《述異記》曰:"蓆具草,一名塞路,生北方胡地。古詩云:'千里蓆具草。'"案:此"蓆具草",即"蓆箕草",

亦即"茇茇草"。"蓆具"言其爲席及其他器具,與"蓆
箕"義近。所謂"千里蓆具草"者,實有這樣的局勢。
"塞路"之名,亦符合實際。其草密生,達數十百里之
遠,誠能阻塞路途。

195. 麰麥(來、牟)

"麰麥"即大麥。大麥這一名稱,對小麥而言,易於
明瞭。"麰麥"之名,却是有些費解。

《方言》卷十三:"鏖、麳、䴷、麰、䴺、䴸、𪍦,麴也。
自關而西,秦豳之間曰鏖;晉之舊都曰麳;齊右河濟曰
䴷,或曰麰;北燕曰䴺。麴,其通語也。"據此可知:麰之
義爲麴。麴即酒麴。

《周禮‧媒氏》鄭玄《注》云:"今齊名麴、麰曰媒。"
案:此"媒"即"麰"。媒者,謀也,故合兩之好者謂媒。
麴,亦名媒或作麰者,謂其合米穀而爲酒也。

做酒麴,常用大麥,故大麥亦謂之"麰麥"。

《詩‧周頌‧思文》中有"貽我來牟"之句,"來"即
麥,指小麥;而"牟"即麰,是大麥。或有以爲"來牟"是
一物之名者,"來牟"即大麥,而謂我國漢代以前無有小
麥,恐其不然。"牟"爲大麥,因其可作酒麴。"來"、
"麥"一音之轉,當指小麥。"來牟",當是"來"與"牟"。
若謂"來牟"是一名詞,即可譯爲"麥麰",形容詞在名字
後而成一名詞,則在我國文字中少見其例。

196. 南蛇藤

謝肇淛《五雜俎・物部一》有
云：“蚺蛇，大能吞鹿，惟喜花草、婦
人。山中有藤，名蚺蛇藤。捕者簪
花、衣紅衣，手藤以往，蛇見輒凝立
不動，即以婦人衣蒙其首，以藤縛
之。其膽護身，隨擊而聚。若徒取
膽者，以竹擊其一處，良久，利刀剖
之，膽即落矣。膽去而蛇不傷，仍
可縱之。”

南
蛇
藤

案：今衛矛科植物有南蛇藤（*Celastrus orbiculatus* Thunb.）
者，不知其是否確謝肇淛所言之種類，然其名“南蛇藤”
者，即蚺蛇藤之訛，當無疑問。“蚺蛇藤”之義，謂捕取
蚺蛇所用之藤耳。

197. 蜀茶

謝肇淛《五雜俎・物部二》曰：“閩中有蜀茶一種，
足敵牡丹。其樹似山茶而大，高者丈餘。花大亦如牡
丹，而色皆正紅。其開於二三月，照耀園林，至不可正
視。所恨者香稍不及耳。”案：這是一種大形的茶花，生
於閩中，其名曰“蜀茶”者，自與巴蜀之義無關。

《爾雅·釋畜》:"雞大者蜀。"郭璞《注》云"今蜀雞"。雞之大者名爲"蜀雞",則"蜀"字之義當爲大,非謂巴蜀之雞也。言"荼"者,荼花之義。"蜀荼"者,義即大形之荼花。

植物名稱之言"蜀"者,往往爲大義。

198. 蜀葵(戎葵、戎菽)

蜀
葵

錦葵科植物,有蜀葵〔*Althaea rosea*(L.)Cav.〕,爲高大丈餘之植物。其名"蜀葵"者,"蜀"亦爲大義(見"蜀荼"條)。

蜀葵,古名"戎葵","戎"亦爲大義。如大豆亦名戎菽,其"戎"之義爲大。此"蜀葵"、"戎葵"之名,與"戎狄"、"巴蜀"都不相干。

199. 蜀黍

蜀黍(*Sorghum vulgare* Pers.),現在是我國北方栽培的重要農作物之一種,通稱之爲高粱。"高粱"之名,即因其植物之高大也。

蜀黍,大約爲非洲原產,未詳其何時始入中國,然早期我國所栽培的穀類中無此植物。後魏賈思勰所著的

《齊民要術》中尚未有蜀黍的種法,而只在《五穀果蓏菜茹非中國所産者・五穀》條中引《博物志》曰:"地三年種蜀黍,其後七年多蛇。"由此可見,彼時之我國北部尚未種植蜀黍。蜀黍,亦未聞在巴蜀之地先栽培,其"蜀"字之義,自與巴蜀無關。

蜀黍

蜀黍之植株,高達丈餘,亦可謂之高大,故其有"高粱"之名。"蜀黍",亦當如蜀雞、蜀茶及蜀葵之"蜀",言其大耳。

200. 藠子

薤(*Allium chinense* G. Don)之鱗莖具有三個如蒜瓣狀的白色芽瓣,醫藥上謂之"薤白",俗呼爲"藠子",亦供食用。

翁輝東《潮汕方言・釋草木・酪藠》云:"薤之爲物,頭白如葱,三片成束,古制字'藠',肖其形也。"意思是説,藠字,從艸三白,示其植物之鱗莖上有三個白色之瓣片爲束,故制字如此。案其所解釋"藠"字的字形是對的,而未曾解釋"藠"字之音。

藠字,《集韻》胡了切,音皛;《玉篇》音叫。皛者,皓之音;叫者,皎字之音。皓與皎,都有白義。以字音言

之,示其植物之頭(葱頭之頭)白;以字形言之,則示其
植物之頭有三個白色之瓣片耳。

201. 藠

"藠子",或作"藠子",音近之名。音近,往往義同。
"藠"與"藠"當亦本爲一字。或曰同聲假借。

《爾雅·釋草》:"藠,邛鉅。"郭璞《注》云:"今藥草
大戟也,《本草》云。"案:郭《注》此條所引《本草》與今
本合。今《本草》中之大戟,雖不可確定其種名,而其爲
今大戟屬(*Euphorbia* L.)之植物則可無疑。爲何大戟屬
之植物亦名爲"藠"呢? 這一名稱,當與薤之名藠有關。

以瑛意揣之,大戟具有三胞之果實,其形猶如薤白;
因薤之名藠或藠,此則申引其意,而亦名藠耳。

202. 蕎麥

栽培植物,有蕎麥,其果實三棱,亦如薤白之形。其
名曰"蕎麥"者,當亦是由藠或藠而生。果實三棱如藠,
爲食糧之一種若麥,故名之爲"蕎麥"。

203. 茭白

栽培的菰〔*Zizania caduciflora*（Turcz. et Trim.）

菰

Hand.-Mazz.〕,一名茭白,這當是以其爲黑穗所寄生於莖上的一種肥大而作白色之物而言。其肥大白色之物,供作蔬菜而食用,通常亦呼之曰"茭白"。

"茭白",當是一複義的名詞,茭即皎,意思也是白。菰莖中生有肥大而作白色之物,故名"茭白"耳。

204. 百日紅

紫薇(*Lagerstroemia indica* L.),一名怕癢花,一名百日紅。

紫薇

王象晉《羣芳譜·紫薇》云:"以手爪其膚,徹頂動搖,故名'怕癢'。四五月始花,開謝接續可至八九月,故又名'百日紅'。"這就是"百日紅"這一名稱很好的解釋。四五月始開而可連續開至八九月,時有百日之多。"百日紅"者,謂百日之間皆開有紅花。

205. 荼蘼（酴醾）

荼蘼（*Rosa rubus* Lévl. et Vant.），是一種庭園中的栽培植物。花白色而微黃，重瓣，甚爲美麗。其名字亦作"酴醾"。

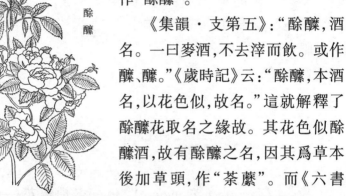

酴醾

《集韻·支第五》："酴醾，酒名。一曰麥酒，不去滓而飲。或作醾、醾。"《歲時記》云："酴醾，本酒名，以花色似，故名。"這就解釋了酴醾花取名之緣故。其花色似酴醾酒，故有酴醾之名，因其爲草本後加草頭，作"荼蘼"。而《六書故》以爲荼蘼之得名取其芬以漬酒之故，恐其非是。

王象晉《羣芳譜》曰："本名荼蘼，一種色黃似酒，故加酉字。"這是倒因爲果的説法。

206. 黃瓜菜

今之菊科植物，有黃瓜菜（*Lapsana apogonoides* Maxim.）者，不知其爲名因何取於"黃瓜"。

此種植物開黃花，嫩時可食。疑"黃瓜菜"即"黃花菜"之訛。

植物名釋札記卷下

207. 晚香玉

石蒜科植物晚香玉（*Polianthes tuberosa* L.）是栽培的普通花卉。

《福建通志》建寧府物産之下云：“晚香玉，花白，小於玉簪，夏末秋初開，至晚，香如茉莉。”據此可知，“晚香玉”名稱的意思是説，它是在晚間發香的玉簪花。“晚香玉”者，晚香玉簪花之省稱耳。

晚香玉

208. 秋牡丹

毛茛科植物有秋牡丹〔*Anemone hupehensis* Lem. var. *japonica*（Thunb.）Bowles et Stearn〕，也是一種栽培的花卉。王象晉《羣芳譜》“牡丹”條下附有秋牡丹，其

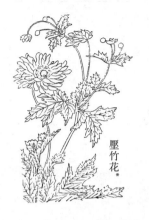

壓竹花*

説與今無異。

《羣芳譜》對於秋牡丹之描寫曰:"草本,遍地蔓延,葉似牡丹,差小。花似菊之紫鶴翎,黄心。秋色寂寥,花間植數枝,足壯秋容。"這一描寫,實已透出了"秋牡丹"取名之義。

《福建通志》建寧府物産之下有云:"秋牡丹,葉似牡丹,秋開。"這就直接説出"秋牡丹"之所以爲名的意思了。

209. 梢瓜

食瓜中有梢瓜〔*Cucumis melo* L. var. *conomon*(Thunb.) Mak.〕,一名越瓜。

"越"爲小義。"梢",當是稍之借字,也有小義。"梢瓜"這一名稱的意思,應該即是小瓜。

陝北稱小樹所組成的森林,叫作"梢林"。"梢林"當亦即"稍林",言其爲小樹之林。"梢林"、"梢瓜",都借用"稍"字,而其義皆爲小。

古時有所謂"稍食"者,"稍食"之事又謂之"稍事"。《周禮·天官》"膳夫"之職文云:"凡王之稍事,

_____

* 《植物名實圖考》卷二十九:"壓竹花,一名秋牡丹。"——編者注。

設薦脯醢。"鄭玄《注》引先鄭司農云:"稍事,謂非日中大舉,時而間食,謂之稍事,膳夫之設薦脯醢。"又云:"玄謂:稍事,有小事而飲酒。"案:膳夫掌供食之官,其所主之稍事,猶若今之所謂"夜宵"、"小吃"之類。"稍事"之稍亦取義於小,與"梢林"、"梢瓜"之"梢"字,意思相同。

210. 桃

桃〔*Prunus persica*（L.）Batsch〕和杏（*Prunus armeniaca* L.）,都是很普通的果樹,人們也常桃杏並舉而言,其類相近。

杏之葉圓如玙,因以玙名而作"杏"。桃葉視杏葉甚長,是一顯然區別。"桃"之爲名,當緣其葉之條長而言。

桃

與桃字音近之字,頗有具長義者,如枝條之條,縧帶之縧,都與桃音相近,而義都從長。《説文》:"逃,遠也。"如今説路遠叫作逃。逃遠之義引伸而爲長,陝西關中方言,謂物之狹長曰逃。逃、桃音亦相近。桃樹葉形狹長,故名之曰"桃"耳。

《考工記》:"桃氏爲劍。"製作刀劍之工稱曰"桃氏",其所以稱爲"桃"者,當即取義於刀劍之形長。借鏡可見,桃樹之名"桃",也是取義於葉形,謂其葉形之長。

211. 杏（菩菜、荇菜）

杏（ *Prunus armeniaca* L. ）是普通栽培的果樹。其葉形闊圓,"杏"之爲名,當即由此而生。

杏

古時玉器有謂之珩者,由兩塊半圓形的曲玉相對而成,故珩以雙計,《國語·晉語二》有言"白玉之珩六雙"者就是説珩必成雙的。兩塊半圓形的曲玉相對,自然是一圓形,故水生植物的"荇菜"葉圓似珩,因而爲名。"荇菜"亦作"菩菜",可見"杏"與"珩"一聲之字,意義可通。"杏"之爲名,實即因其葉之圓闊。

212. 葫蘆（壺、壺盧）

葫蘆〔 *Lagenaria siceraria* （ Molina ） Standl. 〕是普通的栽培植物,其果實的形狀頗有變化。"葫蘆",是個比較通用的名稱。

"葫蘆",原作"壺盧",或單名曰"壺"。《詩·豳風·七月》曰:"八月斷壺","壺"即葫盧,以其形似壺狀。"盧",亦因形似而言,或亦有膨大之義。《考工記》曰:"秦無盧",鄭玄《注》引先鄭司農云:"盧,讀爲纑,謂矛戟柄。"案:此所謂"矛戟柄"之纑,即矛戟柄之末端膨大而作圓錐體或亦具棱的部份,葫盧之形亦與之相似,故而都有"盧"名。其作"纑"或"盧"者,都是同音假借之字。即器之盧,亦是取於膨大之義。腦殼,亦謂之"頭顱",是一顯然的例證。

213. 營實 (金罌子)

薔薇屬(*Rosa* L.)植物之果實,本爲一種瘦果;其數多之瘦果,生於一個瓶罌狀之花托内,作成假果。薔薇(*Rosa multiflora* Thunb. var. *cathayensis* Rehd. et Wils.)之假果供藥用,名爲"營實"。

《方言》卷五:"罃謂之瓿。"《説文》:"瓿,罌謂之瓿。"又曰:"罃,備火長頸瓶也。"罌與罃,徐鉉注音均爲"烏莖切"。《廣雅》:"罌、瓿、罃,瓶也。"據此等等,則罌或罃即瓿,亦即作爲瓦器之瓶。

今案:薔薇之假果作瓶罌之狀。其爲"營實"者,當即"罃實"或"罌實",字訛而作"營實"耳。"營實"之義,即言其爲如瓶罌之實。

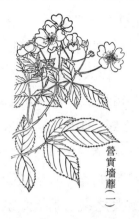

營實墙蘼（一）

營實墙蘼（二）

又，藥物有金罌子者，也是薔薇屬（*Rosa* L.）植物所產生的假果。不過其所用者非專爲一種，凡薔薇屬植物之假果作黄赤色者，多可謂之"金罌子"。其名爲"金罌子"者，意即謂此藥物，猶如金色之瓶罌，與"營實"之名相仿。

214. 香薷

香薷

今脣形科的栽培植物，有香薷〔*Elsholtzia ciliata*（Thunb.）Hyland.〕，是一種具有香味的植物，可供爲食品加味的蔬菜使用，有如芫荽之類。

"香薷"之名，見於《名醫別録》，《證類本草·菜部中品》載之。《證類》又載有蘇頌《圖經本草》所繪香薷之圖，與今日所栽培之香薷無大差異。

香薷之名實，古今一致。

　　"香薷"或作"香菜"。"薷"之與"菜"二字，是一聲之轉。"香薷"與"香菜"，實爲一名，其義亦當相同。

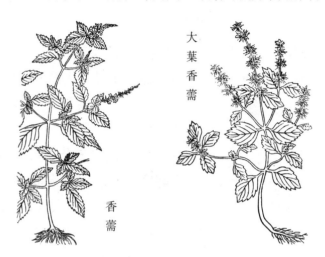

　　"薷"即"需"，"菜"即"柔"，需與柔都有軟義。若是"香薷"或"香菜"，作香而軟解，亦略可講通，其植物確有香氣，又爲草本，亦非堅硬的東西。然此種解說，究嫌泛而不切，未見其是。

　　案："薷"或"菜"，亦茹字之音轉，茹之一義是蔬菜。古書中，有"菜茹"二字連用者，如《漢書·食貨志》曰："菜茹有畦。""菜茹"，實即菜蔬之義。茹與蔬亦一聲之轉，故茹字亦有蔬菜之義。

　　"薷"、"菜"、"茹"、"蔬"諸字，都是一聲之轉，"香薷"自亦可作"香茹"。疑"香薷"或"香菜"之名意即謂其爲具有香氣之蔬菜耳。

215. 翹搖車（藕車、柒車、苕、苕饒、翹饒、巢菜、苕子、薇、芸藆）

《爾雅·釋草》:"柱夫,搖車。"郭璞《注》云:"蔓生,細葉,紫華,可食。今呼曰翹搖車。""翹搖車"之名,

翹搖

頗爲奇特。《爾雅·釋草》尚有"藕車"、"柒車"等植物名稱,以草而言"車",豈不可怪?"翹搖車"是一種什麼植物?也是討論其名稱取義時的先決問題。

《證類本草·菜部上品》引載陳藏器《本草》云:"翹搖,味辛,平,無毒。主破血,止血,生肌。亦充生菜食之。又主五種黃病,絞汁服之。生平澤。紫花,蔓生,如勞豆。《詩義疏》云:'苕饒,幽州人謂之翹饒。'《爾雅》云:'柱夫,搖車'也。"據此,"翹搖"即"苕饒",又都省"車"字。

案:陳藏器所引之《詩義疏》,即陸璣《毛詩草木鳥獸蟲魚疏》,而其引文從略。茲將陸《疏》中《邛有旨苕》疏之全文鈔出,以便研究。其文曰:

苕,苕饒也。幽州人謂之翹饒。蔓生,莖如勞

豆而細，葉似蒺藜而青。其莖葉綠色，可生食，食如
小豆藿也。

據此可知：這一甘旨可食之"苕"，是一種豆類植物。豆
類植物中之細蔓、紫花，葉似蒺藜，而又可供爲食菜者，
當即今之巢菜（*Vicia* sp.），俗即呼爲"苕子"者是也。其
別名"苕饒"者，"苕"之連綿語；又曰"翹搖"者，即"苕
饒"之音轉；巢菜之"巢"，亦"苕"之音轉，故今俗尚呼爲
"苕子"。以名稱而論"苕"、"苕饒"、"翹搖"都是一物，
亦即今之"巢菜"。

"苕"與"巢"，一聲之轉，其音亦近"梢"。梢，有細
小之義，如樹木之小枝曰"梢"，陝北謂樹林曰"梢林"；
《周禮》謂小型之燕飲曰"梢食"，有如今俗言"夜宵"，
即謂夜間之小吃也。巢菜細蔓小葉，名爲"巢"或"苕"
者，當是取其細小之義。音之連綿而作"苕饒"，又轉而
爲"翹搖"，總不離微小之義。野生食菜有名"薇"，亦是
巢菜屬（*Vicia* L.）植物，一名"薇"，一名"苕"，都是細小
之義。

"苕"是今之巢菜屬之一種，名稱取於微細之義，音
讀連綿轉而又有"翹搖"之名；而郭璞謂"今呼曰翹搖
車"者，又是何意？當知此"車"字，也是一個表示聲音
的符號，與"車馬"之義無干。如此，也就是容易解
釋了。

《說文》云："屮，艸木初生也。像丨出形，有枝莖

也。古文或以爲艸字。讀若徹。"案：此中當即艸字，古字單體者與複體者，多是一字，故古文亦用爲艸字。屮字，不過是畫了一株草；艸即草字，畫出兩株草；而茻（卉）字、芔字其實都是古寫的草字。草字作屮，而讀若徹，與"車"音甚近。"翹搖車"之名，當即翹搖草之意，草之方言或方音，固可讀若"徹"或"車"耳。

《爾雅·釋草》："藒車，芞輿。"郭璞《注》云："藒車，香草，見《離騷》。"案："藒"當即"朅"，本有香義；"車"即"屮"，即今草字，故"藒車"之義，亦即"香草"。"芞輿"者，則爲"藒車"之音轉。

《爾雅·釋草》又曰："望，棃車。"郭璞《注》云："可以爲索，長丈餘。"陸德明《爾雅音義》云："棃，本又作乘。施音繩。謝市證反。"案："棃"音"繩"，而棃車"可以爲索"，是"棃車"當即繩草之義。

"藒車"是香草，"棃車"是繩草，然則"翹搖車"之名即謂翹搖之義，亦就可以明白了。

或曰：車字古讀居音，不當以今音讀若徹之音而以其爲屮或艸之義。以此相駁難。答云：今之車字亦有兩音，一作居音，一作徹音。想古時亦當如此。不然，今之徹音又從何而起？中華民族是由許多民族之合成，其方言方音亦相會合，而在語言和文字上表現不盡一致之處，隨時可見，又何必拘定車字古時定作居音耶？且"藒車"一名"芞輿"，亦是音轉。"車"之爲"輿"，當是由居音而轉；與“輿”字音近之“芌”字，義亦爲草。設“車”字即讀居音，其義仍可爲草。

漢語文字，並非是一個帝王的大臣倉頡作造，乃是由於人民的勞動交往與接觸而自然形成的，當然要有方言、方音，不可拘泥於一點而不察變異之迹。

216. 罌粟（罌子粟、米囊、囊子）

今之罌粟（*Papaver somniferum* L.），《本草》書中稱爲“罌子粟”。“罌”、“甖”同字，“罌粟”一名，是“罌子粟”之簡省。

“罌子粟”之始見於陳藏器《本草》，大概，唐時已引入我國了。

罌子粟

《證類本草·米穀部下品》引載《嘉祐本草》之文曰：“罌子粟，味甘，平，無毒。主丹石發動，不下食。和竹瀝煮作粥，食之，極美。一名象穀，一名米囊，一名御米。花紅、白色，似髇箭頭，中有米，亦名囊子。”案：髇音哮。“髇箭”，即響箭，亦即鳴鏑，罌粟之果實似之。此狀如髇箭頭之果實，内中有細子，如米之在囊中者，故亦名“囊子”。“米囊”之名，當因此故。

　　“罌”或“甖”者,猶如金罌子之“罌”,義亦爲器中之瓶。“粟”者,以其種子可供食用,狀如粟米。“罌子粟”或省稱“甖粟”者,意即謂其爲生瓶子中之米粟也。《證類》又載蘇頌之《圖經本草》云:“罌子粟……其實作瓶子,似髇箭頭,中有米,極細。”這一叙述,正可顯示其爲名之取義。

217. 茄子(五茄)

　　今栽培植物有茄子(*Solanum melongena* L.),以其果實供蔬菜食用。此可食之果實,亦呼曰“茄子”。植物分類學中,有茄屬(*Solanum* L.)、茄科(Solanaceae)、

茄

茄目(Solanales)等名稱,於其植物單用“茄”字,爲簡省之詞。然其植物之所以名爲“茄子”者,又頗難解。

　　《證類本草·菜部下品》載有《開寶本草》之文曰:“茄子,味甘,寒,……一名落蘇,處處有之。根及枯莖葉主凍脚瘡,可煮作湯,漬之,良。”堪注意者,即茄子的根及枯莖葉,是供藥用的部分,而主治凍脚瘡。

　　《證類》又載蘇頌《圖經本草》曰:“茄子,舊不著所

出州土，云處處有之，今亦然。段成式云：'茄者，連莖之名，字當革遐反。今呼若伽，未知所自耳。'"這裏堪注意者是其所引段成式的話。唐人段成式著有《酉陽雜俎》，論及"茄子"之音讀，謂"茄子"之"茄"當革遐二字之切音，其音當作加音——猶若植物名稱"五茄"之"茄"；而不當讀若佛經中"伽"字之音——即今之所呼。因其之所以讀加音，是取於"連茄"之義，意即指藥用部分葉而連莖的。如此，"茄子"之名，即可得到解釋。

案："五茄"之"茄"，其義爲"葉"，故五茄植物葉具五個小葉；而同類之三茄，則其植物只具三個小葉。"茄子"之名出於本草之書，當然它是一種藥，其藥用葉，故以"茄子"呼之，意即"葉子"耳。其根、莖亦連帶供爲藥，而藥名不必概括無遺。段成式云"茄者連莖之名"，恐是由於農具"連加"而生？未知"連加"即因其柄端連有一片狀擊穀之物，亦爲連葉之義。

218. 松柏

"松柏"並稱，自古若此。松者，當指今之松屬（*Pinus* L.）爲言；而柏者，其初當指今之側柏〔*Biota orientalis*（L.）Endl.〕而言，或亦包括扁柏屬（*Cupressus* L.）植物在內，蓋我民族古時盛於黃河流域，故而可如此推測。

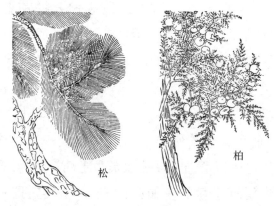

松

柏

李時珍《本草綱目》之釋松柏,用荊公《字説》,謂松柏乃公伯之義,言其樹木之地位,於衆木中猶若人間之公侯伯子男之封爵也。這與古説龍爲鱗物(魚類)之長,鳳爲羽物(鳥類)之長,是一系的傳統思想,言凡物皆有貴賤,是舊日封建統治者的意志,其屬唯心主義,又何待言。

今以唯物主義之基礎,以觀察事物,當從松與柏植物本身之形態設想。松柏之取義,當是由其葉形而生。松者,鬆也,松之葉作長針之形,猶如鬆毛之狀,故名之曰"松"。柏者,迫也,側柏或扁柏之葉枝,俱作扁壓之形,故而名"柏"。

219. 檜

松柏之類有檜〔*Sabina chinensis*(L.)Antoine〕。檜

在一樹之上,常具二種不同形狀之
葉;其一作針刺狀,略與松葉相類;
其一作鱗片狀,略與柏葉相類。所
謂"檜"者,即會松柏之葉於一樹之
上,故名之曰"檜"。

檜

《爾雅·釋木》:"檜,柏葉松
身。"即謂檜之爲名,由松、柏之兩
相會而生。然此是相像之談,並不
全切實際。

220. 五粒松

今之華山松(*Pinus armandii* Franch.),舊有"五粒
松"之名。"五粒松"之見於唐人韋應物詩句,云:"碧澗
蒼松五粒稀。""五粒"之名,早已若此。然"粒"字與事
實不合。

任昉《述異記》云:"松有兩鬛、三鬛、七鬛者,言如
馬鬛形也。言粒者,非矣。"以松當言"鬛",其言"粒"
非是。

案:鬛,或作鬣,是鬃毛的意思。"馬鬛"即馬鬃。
松葉纖細如鬃鬛,故有"三鬛"、"七鬛"等別,即三葉一
束、七葉一束的松樹。華山松,五葉束,故有五鬛松之
名。言"五粒松"者,借"粒"爲"鬛"耳,無取於子粒之
粒義。

又，《證類本草・木部上品・松脂》條載《嘉祐本草》掌禹錫等引蕭炳云："又有五葉者，一叢五葉，如釵，名五粒松。道家服食絕粒，子如巴豆，新羅往往進之。"案：此五粒之子如巴豆，而由新羅（朝鮮）進之者，當即今之海松（*Pinus koraiensis* Sieb. et Zucc.）。海松亦五針葉爲一束，故亦有"五粒"之名。

221. 樅

日本人松村任三《植物名匯》以 *Abies firma* Sieb. et Zucc. 爲樅，下注一"本"字，言其出於《本草》。今查我國《本草》之書，無此名稱。此所謂"本草"者，當是《爾雅》之誤。

《爾雅・釋木》："樅，松葉柏身。檜，柏葉松身。"二者相提並論，當一類之樹木。

王象晉《羣芳譜・木譜一》柏下附檜，云："柏葉松身，葉尖硬，亦謂之栝。今人名圓柏，以別側柏。"案：此所言者，即今之檜〔*Sabina chinensis*（L.）Antoine〕。又云："松葉柏身爲樅。檜、樅樹皆高丈餘，花葉皆同，但實稍大而色黃綠，肉虛爲異耳。"據此所言，樅與檜正是極相類之樹。樅之爲樹，決非今冷杉屬（*Abies* Mill.）植物，可以斷言。不知松村氏緣何而誤認。

我疑所謂"松葉柏身"之樅，與"柏葉松身"之檜，實是一種樹木，即今之檜〔*Sabina chinensis*（L.）Antoine〕？

因爲檜樹,常具有兩種之葉,一作鱗片狀,一作針刺狀。然其在幼年之時,多全針刺葉,而老大之時,又常全生鱗片之葉;故可爲人視爲兩種,以多鱗者爲檜,故曰"柏葉松身";以多針葉者爲樅,故曰"松葉柏身"。當都是以葉爲區別,而"柏身"、"松身",不過配合之言,因無顯著之差別耳。

其名曰"樅"者,當與"松"義相同,亦謂其葉如鬃耳。

222. 栝(白果松、白骨松、白栝)

"栝"字之作爲木名者,其義有二:其一,栝即檜之別體字;又一,即栝松之簡名。兹所釋者乃栝松之"栝"。

《本草綱目·木部之一》"松"條下云:"葉有二針、三針、五針之別,三針者爲栝子松。"周密《癸辛雜識》云:"凡松葉皆雙股,故世以爲松釵,獨栝松每穗三鬚。"這都是説松葉之三針爲一束者謂之栝松。栝松與栝子松,當是一物,即今之白皮松(*Pinus bungeana* Zucc.)耳。

白皮松,今山西省人直呼之爲"栝樹"。

明時人傅山,有游介祠(山西介休介山介之推之祠堂)之詩,其詩句有云:"青松白栝十里週,楹青柢白祠堂幽。"青松、白栝並言。松即今之油松(*Pinus tabuliformis* Carr.);栝即今之白皮松(*Pinus bungeana* Zucc.);"青"

與“白”皆形容之詞。此兩種松樹,介山甚多。傅氏山西人,故用其鄉土之名,與“青松”相對,故曰“白栝”。

“栝”字之別義,又謂“箭栝”,即箭矢着弦之處。與木名之“栝”,不相關涉。栝松皮白,而又常自剝落,光滑若未曾有皮之狀,其名爲“栝”者,當是取義於裸,言其如裸體之形耳。裸字以果爲聲,音讀自可與栝相近,故栝可以音而取裸體之義。

白皮松,一名白果松,一名白骨松。案:“白果”及“白骨”,都當是白栝之音轉。其作“白果”者,顯然於栝松無義;作“白骨”者,似指其枝幹之色白若骨者,然此當是書寫者出於臆度,拘於字面而强解其義。

223.杉(櫼、黏、杆、青杆、灰杆、紅杆)

杉,在松柏類植物中,是一個應用範圍頗廣的字。杉所指,種類不一,如冷杉、雲杉,以及刺杉、柳杉等,皆以杉爲名而另加以形容之詞以爲區別耳。大致凡名“杉”者,其葉多纖細。其所以名“杉”者,蓋即取其葉形纖細之義。

杉字之繁體作櫼,或有省木作黏者。《爾雅·釋木》:“被,黏。”郭璞《注》云:“黏似松,生江南,可以爲船及棺材,作柱,埋之不腐。”郭氏所説的,只是江南的一種杉木而已,其實杉有多種,非必盡生江南。陸德明《爾雅音義·釋木》云:“黏,字或作杉,所咸反,郭音芟,

又音纖。"案:芟字,《切韻》:所銜切;
《集韻》:師銜切,並音衫;而"所咸
反"亦是音衫。以此可知黏或杉字之
音有二:一作衣衫之衫,一作纖細之
纖。"杉"名之取義,自可與葉形之纖
細有關。

杉

又有櫼字,亦籤爲聲符,而讀扦
插之扦,其音若千。今山西省人呼雲
杉之一種爲"青杆",別一種爲"灰杆",又呼落葉松爲
"紅杆"。此"杆"者亦即杉,由纖音之所轉耳。杉字可
讀若"杆",即有櫼楔、纖細之義,正與各名"杉"者樹木
之葉形纖細有關。

224. 榧(棐)

榧
實

今以種仁可供食用之香榧
(*Torreya grandis* Fortune)爲榧,俗
呼"榧子樹"。

羅願《爾雅翼》云:"榧,似黏
(杉)而材光,文彩如柏,古謂文木,
通作棐。"蓋榧或棐之爲名,當取義
於斐。斐者有文彩之貌,謂其木材
之有文彩耳。

225. 金錢松（杆松）

金錢松（*Pseudolarix kaempferi* Gord.）出於《中國植物圖譜》，其樹生於江南約海拔二千米之高山上，爲落葉喬木，葉至秋後變黃，金光閃閃，"金錢"之名，當由於此。然"錢"字究屬無義，因其葉雖黃，却與金錢無涉。

疑"金錢"當爲"金杉"之誤。杉字一音讀若千，因而雲杉有"青杆"之名，落葉松有"紅杆"之名，可證杉之可讀千，與錢音相近，因而致誤。"金杉"而加"松"字重複之語，如雲杉亦有稱爲"杆松"者，即是其例。

226. 莎草（地毛、莎隨）

今以香附子（*Cyperus rotundus* L.）爲莎草，然我國古書中與俗語言，並不完全如此。

莎草

《夏小正》："正月：……緹縞。"《傳》曰："縞也者，莎隨也。緹也者，其實也。"謂縞即莎草，緹即其實，言莎草當夏曆正月已出穗結實，則其非香附子甚明——香附子之花期在夏曆五六月間。《廣雅·釋草》曰："地毛，莎隨也。"毛有纖之義，蓋言地上之細草名地毛，亦即莎隨。今俗語多呼地上之細草，如苔屬（*Carex* L.）植物亦或呼爲莎草，不盡單指香附子而言。

"莎"字音唆，與蓑衣之蓑同音。"莎草"之義，當謂細草而可製蓑衣者耳。

227. 楓楊（麻柳）

胡桃科植物有楓楊（*Pterocarya stenoptera* DC.）。楓楊，在陝甘一帶多稱之爲麻柳，與此同屬之植物，亦有多呼爲麻柳者。

其名爲"麻柳"者，因其枝條下垂如柳，而其韌皮纖維堅韌，可以代麻之用。

"楓楊"之名，當是以其果實具翅，猶槭楓之果，而"楊"之爲名，與"柳"爲同義之字耳。人多以楊柳並稱，亦呼楊爲柳，而柳又爲楊。槭樹之屬（*Acer* L.）亦或稱爲"楓"，非楓香之楓也。

228. 車前（蝦蟆衣、車古菜、箭、牛舌草、牛舌頭草、牛遺）

植物有車前草（*Plantago asiatica* L.），藥物有車前子，所用者即是車前草之種子。車前草又簡稱爲車前，故植物學中有車前屬（*Plantago* L.）及車前科（Plantagiaceae）等分類名稱。然"車前"名稱的取義,却甚費解。

《爾雅·釋草》曰:"馬舄,車前。"郭璞《注》云:"今車前草,大葉,長穗,好生道邊,江東呼爲蝦蟆衣。"此"好生道邊"之語,似是車前名稱的解釋,言其生於道路之旁,故可謂當車之前也。

陸璣《毛詩草木鳥獸蟲魚疏·采采芣苢》云:"芣苢,一名馬舄,一名車前,一名當道。喜在牛跡中生,故曰車前、當道也。今藥中車前子是也。幽州人謂之牛舌草。"這裏直接爲"車前"之名作了解釋,説是車前草喜在牛所行過的足跡中生長,所以有"車前"及"當道"之名,謂牛之服車,足跡在道路之上,故生於牛跡處之草,可名之爲"當道",亦可名之爲"車前"也。

以上兩種説法,雖然不盡相同,而都是以車前是生道路上的草,而有其名的。此類之説,似亦有理,然與事實不相符合。車前草,多生於比較濕潤之地,以水陸交錯之處最多,故有"蝦蟆衣"之名,並不"好生道邊",或"喜在牛跡中生"。另有一種生於比較乾旱地方的車前草,也不常在道路上生長。根據事實,可知陸、郭二氏之説,都是出於臆度,不足爲憑。

車前草與澤瀉(*Alisma plantago-aquatica* L.)形狀相似,故此二種植物都有"車古菜"之名,"車古"是車轂之訛,今俗呼爲"車轂輪(輪音若魯)菜"。澤瀉與車前之葉,都是蹋地而生,四散放射,猶若車輪之輻輳於轂,故其別名亦相同。疑"車前"之名與"車古"有關?

《方言》卷二曰："私、策、纖、茹、稺、杪，小也。自關而西，秦晉之郊，梁益之間，凡物小者謂之私。小或曰纖。"纖字可訓細，亦可訓小。前字與纖音近，可能亦有細小義。如前胡與柴胡相似而較細，是"前"有纖細之義；小形篠竹而名之曰"箭"，是"前"又有小義。車前之"前"，亦當取義於小。

"車前草"之名稱，當是言其植物爲形似車輪之小草，非謂車道邊旁之草也。如此解釋，可以稍近事實。

車前，陸璣云："幽州人謂之牛舌草"，此一名稱，在我國北方至今仍然通用，俗呼爲"牛舌頭草"，言其葉之寬大猶如牛舌之狀。《本草》書中，車前又有"牛遺"之別名。若就字面而言，牛遺當即牛矢（或作屎）之義。然牛矢與車前草實不相干。"牛遺"之名，當亦有訛字。

案："舌"字，亦讀若"逝"音，如春秋時有羊舌氏，亦或作"羊食"。又可讀若"亦"音，如與"舌"音近之"射"字，"僕射"即讀"僕亦"，而藥草之"射干"亦作"夜（音亦）干"，都是其例。然則，"牛遺"當即"牛舌"之訛，非與牛矢之義有關，亦甚明白。由此可知，植物名稱多有訛字，不可專從字面上強求其義。其言車前草又有"當道"之別名，或謂其"好生道邊"，或曰"喜生牛跡中"，都是因誤會"車前"二字之義而生，不察事實之若何，且妄言而強爲之解耳。

229. 薔薇

薔薇（*Rosa multiflora* Thunb. var. *cathayensis* Rehd. et Wils.），是一種習見的植物。在植物學中，又有薔薇屬（*Rosa* L.）及薔薇科（Rosaceae）等分類名稱。薔薇科在植物學上是一大科，薔薇屬亦是大屬。“薔薇”這一名稱，實在引人注意，而欲知其取義若何也。

“薔薇”這一名稱，取於何義？當從其植物之實際形態中求得解釋。

薔薇之特點，是一種顯著具有多數棘刺之植物，其刺作彎曲若鈎狀。

《管子·度地》曰：“内爲之城，城外爲之郭，郭外爲之土閬。地高則溝之，下則堤之，命之曰金城。樹以荊棘，上相穡著者，所以爲固也。”尹《注》云：“穡，鈎也，謂荊棘刺條相鈎連也。”是嗇音之字有鈎刺之義。《説文》曰：“槍，距也。”槍、嗇音近之字，亦有銳刺之義，都與薔薇之“薔”之音義有關。

《方言》卷五：“鈎，宋、楚、陳、魏之間謂之鹿觡，或謂之鈎格。自關而西，謂之鈎，或謂之鏽。”是鏽之義爲鈎。今薔薇之薇，當從鏽義，亦示其植物之多具鈎刺耳。

“薔薇”一名，取於鈎刺之義，正與其植物之顯著特點相符。

230. 荔枝

荔枝(*Litchi chinensis* Sonn.)，閩、粵及四川等省所産之果樹。其名字亦頗特殊。荔，是一種草名，即今之馬藺(*Iris ensata* Thunb.)，與此種果樹毫無關係，荔枝之"荔"，必是一個別字。

《證類本草·果部·荔枝子》載蘇頌《圖經本草》引《扶南記》云："此木以荔枝爲名者，以其結實時枝弱而蔕牢，不可摘取，以刀斧劙取其枝，故以爲名耳。"案：劙音利，與荔爲同音之字，故假荔爲劙，以求簡便。植物名稱，往往如此。《扶南記》記述南方之事，其説爲是。

荔支

《廣雅·釋詁》曰："劙，解也。"《玉篇》云："劙，解也，分割也。"劙枝之義爲去枝，正與荔枝取名之義相合。

231. 馬藺(馬連、荔)

鳶尾科之馬藺(*Iris ensata* Thunb.)，與莎草科之"藺"者，都不相近似，"馬藺"之名，當是別有其故。

　　馬藺,在我國北部,是一種甚爲普通之植物。其葉扁平而狹長,作條帶之狀,因其柔韌,農家用以束縛小形之物品;其根作鬚狀,纖細而甚堅強,常用以爲刷具。北方農人,都呼之爲“馬連”,不言“馬藺”之名。“馬藺”之名,乃於書中見之。馬藺之種子供藥用,本草書中謂之“蠡實”。

　　字書有荔字,或從三力作茘。《廣韻》、《集韻》並郎計切,音麗;《説文》云:“荔,草也,似蒲而小,根可作㕞。”“荔”與蠡實之“蠡”同音,《説文》言及其形狀“似蒲而小”,且其根之用途亦“可作㕞(刷)”,正與今之馬藺相同。由此可知:“荔”者,即藥物蠡實之蠡,亦即今之馬藺,而通俗之呼爲“馬連”者也。

蠡實*

　　《方言》卷三:“陳楚之間,凡人、獸乳而雙産謂之釐孳,秦晉之間謂之僆子。”是“釐”與“僆”同義,實乃由於雙聲之音轉,“僆”即“釐”耳。一種植物,古名曰“荔”而今名曰“馬連”者,亦可知“連”即“荔”之音轉,加“馬”字以示與其他之荔(如辟荔之若烏韭者)有別耳。“藺”與“連”亦雙聲字,蓋由“馬連”而又轉爲“馬藺”耳。

＊《植物名實圖考》卷十一:“《宋圖經》以爲即馬藺。”——編者注。

　　知馬藺之"藺"與馬連之"連",俱是"荔"之音轉,這一植物的幾個名稱也就可以得其解釋了。

　　植物名稱,往往不同本字,即古名之"荔",亦可能是一假音之字,從艸示其爲一草本植物之名耳。然其取義,則可於與"荔"音近之字義中求之。

　　疑"荔"之爲名,當是取義於與"荔"同音之"鬝"字?鬝爲髮毛,馬藺之根纖細堅强,猶如馬之髮鬝之狀,故以"鬝"名之,其字由繁而簡,從艸而作"荔"耳。馬連之"連",馬藺之"藺",皆由"荔"之音轉,其義亦自當相同。

232. 玄參

　　藥用玄參,非只一種,由來已久。今植物學中以 *Scrophularia ningpoensis* Hemsl. 爲玄參,是取其中之一種耳。

　　《證類本草·草部中品之上》載有蘇頌《圖經本草》之文曰:"玄參,生河間及冤句,今處處有之。二月生苗。葉似脂麻,又如槐、柳。細莖青紫色,七月開花,青碧色,八月結子,黑色。亦有白花,莖方大,紫赤色,而有細毛,有節若竹者,高五六尺,葉如掌,大而尖長如鋸齒。其根尖長,生青白,乾即紫黑,新者潤膩,一根可生五七枚。三月、八月、九月採,暴乾,或云蒸過日乾。"據此可知,玄參之藥用者久已不是一種,而其所繪之圖則有三種,不知何種爲真。

　　“玄”爲近紫近黑之色。玄參藥用其根,其根乾後黑紫,故以“玄參”爲名。

233. 越瓜

　　葫蘆科的栽培植物越瓜〔*Cucumis melo* L. var. *conomon* (Thunb.) Makino〕,果實供食用。“越瓜”之名,見於唐時陳藏器《本草拾遺》。它在我國栽培時間是很久了。

越瓜

　　《證類本草·菜部上品·越瓜》引陳藏器云:“越瓜大者色正白,越人當果食之。”又“瓜蒂”條載蘇頌《圖經本草》曰:“又有越瓜,色正白,生越中。”案:此都云越瓜爲越地所有之瓜。蓋以舊時越地之人已栽培此瓜,故名“越瓜”。

234. 黃瓜（胡瓜）

　　胡瓜（*Cucumis sativus* L.）,今通謂之黃瓜。

　　《證類本草·菜部上品·白瓜子》載《蜀本圖經》云:“別有胡瓜,黃赤,無味。”又“瓜蒂”條載蘇頌《圖經本草》云："胡瓜，黃色，亦謂之黃瓜。"是黃瓜以其色黃爲名。

胡瓜

案：黃瓜，作蔬菜食用，嫩時綠色，或有淡者，黃瓜當非以此取名。此植物之果實，至老熟時，都作深黃之色，即所謂"黃赤色"也。"黃瓜"，當因此而得名。

"胡瓜"謂其爲外來之瓜種，亦可能爲"黃"之音轉。

235. 金盞花（長春花）

王象晉《羣芳譜》曰："金盞花，一名長春花。……莖高四五寸，嫩時頗肥澤。葉似柳葉，厚而狹，抱莖生，甚柔脆。花大如指頂，瓣狹長，而頂圓，開時團團如盞子，生莖端，相續不絕。結實萼內，色黑，如小虫蟠屈之狀。"案：此描述，即今菊科植物之金盞花（Calendula officinalis L. ）也。描述中已暗示其名之故。

金盞花

"金盞"者，以其花（花序）之周圍瓣黃而如盞也。又名"長春花"者，以其花（花序）之相續不絕，謂其所開時間之長也。

236. 樺木

《禮記·檀弓》:"華而睆",鄭玄《注》云:"華,畫也。"華、畫音相近,故可借華爲畫。

今樺木(*Betula platyphylla* Suk.)之皮上有斷續相接而平行排列的綫紋,如用筆畫成的樣子,其名爲"樺木"當由於此。"樺"即"華",因木名從木而華聲,"樺"之義如華之爲畫也。今俗呼樺木音正若畫。

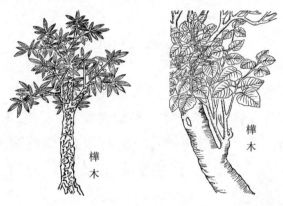

樺木

樺木

237. 甘菊

栽培之菊花,品色甚多,有甘菊者,是藥用菊花之一。"甘菊"之名,似是以味而言,然則並非如此。

《藝文類聚》卷八十一《菊》引《風俗通》云:"南陽酈縣有甘谷。谷水甘美。云其山上有大菊,水從山上流

下,得其滋液,谷中有三十餘家不復穿井,悉飲此水,上
壽百二三十,中百餘。下七八十者,名之大夭。菊華輕
身益氣故也。"此一記述,説明甘菊出自南陽酈縣之甘
谷,故其菊以"甘"爲名,非謂其味之甘。

238. 吉貝

"吉貝",用爲木棉樹(*Ceiba pentandra* Gaertn.)之
名稱,亦用爲棉花植物(*Gossypium arboreum* L. 或 *Gos-
sypinum herbaceum* L.)之名稱,因此,在舊文獻中往往發
生誤會,常有混此二類不同之植物
爲一談者,對於研究棉花在我國的
栽培史,頗有妨障。但是,棉花種
子表皮之纖維,韌性的强度大,可
以供紡織之用,而木棉樹則否,是
個很大的區别。然而舊文獻中,因
將棉花與木棉樹混爲一談,或竟木
棉樹種子之纖維亦可供紡織者,其

木棉

誤都因"吉貝"一名而發生。"吉貝",是我國南方的方
言,於下引《潮汕方言》以爲辨解,供消除誤會。

　　翁輝東《潮汕方言》卷十有"吉貝"條,曰:"俗呼棉
花爲膠播,應作吉貝。紡成條狀者,呼吉貝尾。"據此,
則"吉貝"實爲棉花之名。

　　翁氏又轉引《唐書》:"吉貝,草也。緝其花爲布,粗

曰貝,精曰㲲,亦作古貝。"此所言之吉貝,亦是棉花。
又轉引《南史》云:"林邑國出古貝。古貝者,樹名也。
其華成時如鵝毳,抽其緒紡之作布,與紵布不殊,亦染成
五色,織爲斑布。"這又將木棉樹作吉貝,且與棉花混
同,故亦言可紡織爲布也。

棉花與木棉樹相混同之文獻甚多,不必枚舉,總是
"吉貝"一名,而發生的誤會。

我們根據《潮汕方言》可斷定,"吉貝"本是棉花的
一種方言之名。而木棉樹之種子亦有細毛,像是棉花的
樣子,故名曰"吉貝樹",猶若今之言"木棉樹"者是同樣
的意思。因爲名稱中偶然省去一個"樹"字,遂致發生
混亂。如此在舊文獻中棉花與木棉樹是可以區別
的——凡言紡織爲布者,不論言樹與否,都是棉花;其言
樹者,是出於木棉樹與棉的誤會。"吉貝"雖不能確解
其意義,而其爲棉花的一種方言之名,則可無疑。

239. 連翹（連苕、異翹、連草）

連翹〔*Forsythia suspensa*(Thunb.)Vahl.〕,產於我國
北部及沿江之省份,爲低山地區自生之灌木。其花色
黃、美麗,亦常作花卉栽培。果實供藥用,今古大致無
異。"連翹"之名,早已見於《神農本草》,其名之取義,
頗不明瞭。

《證類本草·草部下品之下》載蘇頌《圖經本草》

曰:"連翹生泰山山谷,今近京及河中、江寧府、澤、潤、淄、兗、鼎、岳、利州、南康軍皆有之。有大翹、小翹二種。生下濕地或山崗上。葉青黃而狹長,如榆葉、水蘇輩。莖赤色,高三四尺許。花黃,可愛。秋結實,似蓮作房,翹出眾草,以此得名。"案:蘇氏所述連翹

湖南連翹
雲南連翹

之產地,與今者無大差異;而其對於植物之描述,則與今者不相一致,蓋其所謂"有大翹、小翹二種"者,已將金絲桃屬(*Hypericum* L.)之湖南連翹或另一種小連翹混入而合爲一談;故致有"生下濕地"之言。蘇氏對於"連翹"名稱的解釋,亦甚勉強,不足爲據。

　　寇宗奭《本草衍義》曾駁蘇頌曰:"連翹,亦不致翹出眾草,下濕地亦無。太山山谷間甚多。今只用其子,拆之,其間片片相比如翹,應以此得名爾。"寇氏所言者,實爲今日習見之連翹。"翹"者,張翅之義。寇氏以爲"連翹"之名與其種子之具有翹有關係,已近於是,然於"連"字之義,尚非解釋。

　　《爾雅·釋草》:"連,異翹。"郭璞《注》云:"一名連苕,又名連草,《本草》云。"案:今本各家之本草書中無此語,郭璞所見之《本草》是一古本。"苕"亦"草"之音轉〔如今巢菜屬(*Vicia* L.)植物之作綠肥者,或曰"苕子"或曰"草子",即草、苕二音之相轉〕。"連",又爲

“蘭”之音轉,當有香義。名爲“連草”者,當是言其具有香味之草,與今連翹相合(連翹之種子頗有香味)。“異翹”之名,當是指其種子而言。其子房中之種片片相排比,具有薄翅,有若鳥翼之可翹舉而飛騰之狀,故謂之異翹。“異翹”者,即翼翹耳。植物名中慣用別字,翼之作異不足爲怪。

然則今藥用植物之名“連翹”者,是合“連”與“異翹”二名而成,其義當謂具有翹翅狀種子之香草。蘇頌之釋,出於臆測;寇宗奭之釋,僅得其半。

240. 錢葱（地栗、馬蹄、烏鴟）

荸薺〔*Eleocharis tuberosa*(Roxb.)Roem. et Schult.〕,廣東呼爲“錢葱”,或謂“馬蹄”。

翁輝東《潮汕方言》“錢葱”條曰:“馬蹄,俗呼‘錢葱’,外人笑其俚俗。余曰:錢葱之名極當。蓋凡物得名,孰不因其形狀、產地、名釋? 夫錢葱之葉如管似葱,且地下塊莖扁圓如錢,呼曰錢葱,孰曰不當! 試問所謂勃薺、烏鴟、地栗、馬蹄等名,豈不因其形似? 誰能似‘錢葱’之賅括!”這一段話,是爲“錢葱”名稱作解釋的。其解釋亦不盡合。

夫荸薺之葉中空,因與葱爲相類從之名,可以無疑。而“葱”上加以“錢”字,當係形容之詞,又何可與荸薺之塊莖有關? 且荸薺之塊莖亦不似金錢之狀,未可强擬。

今案：“錢”當與“纖”字音近，植物名稱多用別字，疑“錢”即“纖”字之訛。荸薺之名爲“錢葱”者，意即謂其爲纖細之葱耳。不可全從翁氏之解釋。

荸薺之地下莖膨大，作栗褐之色，亦似栗實之形，名曰“地栗”，甚爲得宜，然“馬蹄”、“烏鴟”等名恐亦有訛字。

荸薺之地下莖，不作馬蹄之狀，不可以名馬蹄。疑“馬蹄”者，當是“馬柢”之訛？“馬”義爲大，“柢”義爲根。視荸薺之地下莖爲根，因其膨大故曰“馬柢”。

“烏鴟”，亦疑爲“烏柢”之訛，謂其荸薺之地下根（塊莖）之烏黑。

241. 油葱

蘆薈〔*Aloe vera* L. var. *chinensis*（Haw.）Berger〕，一名油葱。因其葉肥長如葱，而其中有汁膏，可以代油以爲潤髮之用，故名“油葱”。

翁輝東《潮汕方言》引《嶺南雜記》云：“油葱，形如水仙葉，葉厚一指，而邊有莿……從根發生，長者尺餘。破其葉中有膏，婦人塗掌以澤髮代油。”此一記述，已説明油葱取名之故。

242. 花旦樹

周漢藩《河北習見樹木圖説》稱山合歡〔*Albizia*

kalkora(Roxb.)Prain〕爲"花旦樹"。"花旦"之名,晦而不明,當是從北方鄉土之名而訛作者。其爲名之取義,只可於音中求之。

"花旦"一名,從字音中可以得出兩種解釋:其一,可能是"花檀"之訛。山合歡,形狀與黃檀屬(*Dalbergia* L. f.)植物相似,名相類從而以"花"形容詞以爲區別耳。其二,北方稱卵爲蛋,凡球狀之物亦曰蛋。旦與蛋爲同音之字,"花旦"者謂山合歡之花聚而若球耳。二釋以後者較切。

243. 荆球花

金合歡(*Acacia farnesiana* Willd.),一名"荆球花",見於賈祖璋《中國植物圖鑑》。"荆球"之名,難以解釋。疑"荆球"爲"金球"之訛。金合歡之花黃色,花序聚成球狀,故名"金球"。

244. 蠶豆

蠶豆(*Vicia faba* L.),原産裏海沿岸,"Faba"當爲其土名。此一栽培植物,大約在宋時(或較早)已傳入中國,《益部方物略記》中稱爲"佛豆"。"佛"者,即 Faba 音之省也。今四川呼蠶豆爲"胡豆","胡豆"當是"佛豆"之音轉,與其他之名胡豆者,義不相同。"蠶豆"

之名, 較爲後出, 見於元時王禎
所著之《農書》。

　　王禎謂蠶豆"以其蠶時熟
也, 故名", 今蠶豆並非盡在蠶時
成熟, 所釋不切。宋應星《天工
開物》卷一《乃粒·菽》:"一種蠶
豆, 其莢似蠶形。"李時珍《本草
綱目·蠶豆》:"豆莢狀如老蠶,
故名。"俱謂蠶豆之莢形似蠶, 當是因此而有其名。

蠶豆

245. 梔子(支、芝)

　　梔子(*Gardenia jasminoides* Ellis)之果實供爲黃色染
料。司馬相如《上林賦》:"鮮支黃礫, 蔣芋青蘋。"郭璞
《注》引司馬彪曰:"鮮支, 支子也。"清人厲荃《事物異名
錄·花卉·梔子》:"《上林賦》有
'鮮支', 即梔子樹義。""鮮支",
黃色之義。梔、支同音之字, 可以
互爲假借。"梔子"之名, 言其子
實之黃耳。

　　《述異記》曰:"洛陽有支茜
園。《漢官儀》云:'染園出芝茜,
供染御服。'是其處也。""支茜"

梔子

或"芝茜",即"梔茜",謂梔子與茜草也。茜草染緋,梔子染黃。以此可知,植物之名無準字,今曰"梔子",梔字古亦作支或芝,總是取於"鮮支"之義而言其色之黃耳。

246. 紫草

紫草(*Lithospermum erythrorhizon* Sieb. et Zucc.)之根供藥用,亦供染紫色之染料,故名曰"紫草"。

紫草

後魏時賈思勰所著《齊民要術》引《廣志》曰:"隴西紫草,染紫之上者。"言隴西出紫草,其草爲紫色之上品。紫草染色,今日稀用,甘肅南部,隴洮之間尚有用者。

隴西紫草有野生者,然供染料用者多爲栽培之品。舊日紫草栽培甚盛,《齊民要術》、《務本新書》皆有種紫草之法。種此植物,都爲收取其根以供紫色染料。

247. 絲瓜(縑瓜)

絲瓜〔*Luffa cylindrica*(L.)Roem.〕之果實嫩時供食

用,老則其果肉中成爲網絡狀之纖維,因以"絲瓜"爲名。

《農政全書·樹藝·蓏部》云:"絲瓜,即縑瓜也,嫩小者可食,老則成絲,可洗器滌膩。"此已暗釋絲瓜爲名之取義。《説文》:"縑,并絲繒也。"名"縑瓜"者,與"絲瓜"之義不殊,言其瓜之絲交織若繒帛耳。

248. 南瓜

南瓜〔*Cucurbita moschata*(Duch.) Poiret〕,原産熱帶,因其爲一年生植物,在温帶地區亦可栽培。

熱帶地方,在我國之南,此一瓜種其所以栽培於我國,起初當是由南方引入,故名爲"南瓜"。

南瓜一種,品型甚多,往往亦各有其名稱。今俗凡此種之瓜,不論圓者、扁者、長者,亦不論其色澤花紋,俱稱"南瓜"。或有單以 *Cucurbita moschata*(Duch.) Poiret var. *melonaeformis* Makino 爲南瓜者,與事實不盡符合。

249. 獼猴桃

獼猴桃（*Actinidia chinensis* Planch.），山野自生之木質藤本植物，果實可食，今俗多呼爲"羊桃"，言其果實似桃而非桃也。"獼猴桃"之名取義於何？兹解釋於下。

獼猴桃

"獼猴桃"之名，見於唐人陳藏器所著之《本草拾遺》，又見於《開寶本草》。《證類本草・果部下品》載《開寶》之文曰："獼猴桃……一名藤梨，一名木子，一名獼猴梨。生山谷。藤生著樹，葉圓有毛。其（果）形似雞卵大，其皮褐色，經霜始甘美可食。"這一描述正與今之獼猴桃相合，可知"獼猴桃"一名，今古仍然一致。

寇宗奭《本草衍義》云："獼猴桃，今永興軍南山甚多，……十月爛熟，色淡綠，生則極酸。子繁細，其色如芥子。枝條柔弱，高二三丈，多附木而生。淺山傍道則有存者，深山則多爲猴所食。"這一獼猴桃之描述，謂其實"色淡綠"與言"褐色"者略異，恐是同屬中之別一種。謂"深山則多爲猴所食"一言，似是解釋"獼猴桃"名稱之取義。然不免有些牽强，猴子所能食之果名甚多，何獨以此稱爲"獼猴桃"！

案："獼"與"没"爲一音之轉。"核"一音讀若
"胡"，與"猴"音近。獼猴桃似桃而無核。今疑"獼猴"
應爲"没核"之訛。"没核桃"取義於無核而似桃，後訛
變爲"獼猴桃"。

250. 胡桃

胡桃(*Juglans regia* L.)，一名核桃，在我國北部之
山地中頗有栽培，陝、甘尤盛。

相傳，我國胡桃之種，由漢時張騫通西域而引入。
其説亦無實據，不過晉時張華所著之《博物志》中有此
一説而已，未必不是出於臆測。胡桃在東漢以及晉代之
文獻中，頗有記述。《廣志》曰："陳倉胡桃薄皮多肌，陰
平胡桃大而皮脆。"似是胡桃在我國栽培已久，不然何
能有此地方名品？《藝文類聚》卷
八十七引晉鈕滔母《答吳國書》
曰："胡桃本生西羌。"古西羌，主
要在今甘肅地區，亦可見胡桃，不
必待張騫通西域時始入中國也。

胡桃

古時西羌，亦稱"羌胡"，"胡
桃"之"胡"，若爲表示外來之意，
却不必以張騫通西域而作解釋。

今河北地區，讀果核之"核"，音常若"胡"。又，
"核"字，《集韻》及《正韻》并有"胡骨切"一音，亦與今

河北地區方音相仿。如此看來，則"胡桃"一名，可能即是"核桃"之音轉，未必表示外來之意。

寇宗奭《本草衍義》曰："胡桃，……陝洛之間甚多，外有青皮包之，胡桃乃核也。"言常見之胡桃之實，乃是胡桃之核，已透露胡桃應爲核桃之故。

251. 甘蔗（甘藷）

甘蔗（*Saccharum sinensis* Roxb.），是一種莖中含有甜汁之植物，栽培以供制糖之用。以其莖中含糖，故曰"甘"，其曰"蔗"者又是何義？此當於其植物之形狀求之。

"甘蔗"之名，著於《名醫別録》，《證類本草·果部下品》載之。又載陶弘景《本草注》云："今出江東爲勝，廬陵亦有好者，廣州一種數年生，皆如大竹，長丈餘，取汁以爲沙糖，甚益人。"又載《蜀本草圖經》之言曰："有竹、荻二蔗，竹蔗莖粗，出江南；荻蔗莖細，出江北。"這些，都是以爲甘蔗之形狀似竹的記載。今察實物，亦都有甘蔗狀似大竹之感。"甘蔗"之爲名，當於其形狀之似竹有關。

"甘蔗"，亦作"甘藷"，"藷"與"蔗"是一音之轉，而從諸爲聲之字，又與"竹"音近之，"甘蔗"當即"甘竹"又有何疑！"甘蔗"一名，不過是言其爲具有甘味之竹耳。

252. 枇杷

枇杷〔*Eriobotrya japonica*（Thunb.）Lindl.〕之果實供食用，葉供藥用。其名稱見於《名醫別錄》。

枇杷

《證類本草·果部中品》除載《名醫別錄》"枇杷葉"一文之外，又載有《蜀本草圖經》之言曰："樹高丈餘，葉大如驢耳，背有黄毛。子栱生，如小李，黄色，味甘酸，核大如小栗，皮肉薄。冬花，春實，四月、五月熟。凌冬不凋。生江南、山南，今處處有。"此所描述者，與今習見之枇杷無異。由此可知藥用之"枇杷葉"，所用者即是枇杷樹之葉。陝西所產之藥物中另有一種"枇杷葉"，是杜鵑花科（Ericaceae）植物，因其葉背面亦有黄毛，或稱爲"金背枇杷葉"。二者顯然有別，不可相混。

"枇杷"之名，當是取義於其葉，形如樂器之琵琶耳。

253. 蔦蘿

蔦蘿〔*Quamoclit pennata*（Lam.）Bojer.〕，是栽培於籬笆間的一種纏繞植物。名爲"蔦蘿"，似甚雅致，自是出於舊日文人之手，然實是創自勞動人民。

《詩·小雅·頍弁》曰："蔦與女蘿，施于松柏。"又曰："蔦與女蘿，施于松上。"毛《傳》："蔦，寄生也。女蘿，菟絲，松蘿也。"此即"蔦蘿"一名之所本，然其對於此種植物毫無取義，只是遊戲文字，妄自文雅而已。

《爾雅·釋木》："寓木，宛童。"郭璞《注》云："寄生樹，一名蔦。"《證類本草·木部上品·桑寄》條載《神農本草》與《名醫別錄》之文曰："桑上寄生……一名寄屑，一名寓木，一名宛童，一名蔦，生弘農川谷桑樹上。"《唐本草注》云："此多生槲、櫸柳、水楊、楓等樹上，子黃，大如小棗子，惟虢州有桑上者，子汁甚黏，核大似小豆，葉無陰陽，如細柳葉而厚。"如上記述，則蔦當是今槲寄生一類之植物，與今旋花科（Convolvulaceae）之纏繞植物，絕無干涉。

又《木部中品》有"松蘿"，《神農》曰："松蘿……一名女蘿，生熊耳川谷松樹上。"生於深山松樹上之蘿，大概是一種地衣類的植物，與今旋花科（Convolvulaceae）之纏繞植物亦不相干。

蔦爲槲寄生一類之植物，女蘿爲松樹上所生之地衣類植物，都與今旋花科（Convolvulaceae）之蔦蘿不相仿佛，"蔦蘿"之名從《詩》而生，顯係只求雅致，而全無實際可言。然此雅言之"蔦蘿"一名之形成，亦未必毫無緣故。

案：羅，有網羅糾纏之義，故植物之蔓延而糾纏者亦曰蘿，如前所言之"女蘿"、"松蘿"即是其例。又紫藤，俗名"藤蘿",亦爲人所習用。今河北省中南部地方俗讀繞若鳥,"蔦蘿"之"蔦"當是由繞音而轉。"蔦蘿"當即繞蘿,謂此植物之細蔓纏繞於籬落之間耳。這一名稱,當然是勞動者所創,而後始爲舊日文人寫作"蔦蘿",以示其雅,實非原義。

254. 冬瓜

冬瓜〔*Benincasa hispida*(Thunb.)Cogn.〕,亦爲熱帶植物,不可生長於溫帶之冬季;名爲"冬瓜"者,以其果實耐收藏,可食至冬日耳。

《證類本草·菜部上品》之中有"白冬瓜"之名,出自《名醫別錄》。《開寶本草》注云:"此物經霜後,皮上白如粉塗,故云白冬瓜也。"《證類》又載《神農本草》之"白瓜子"一藥,即冬瓜之子仁。據此可知,冬瓜,一名白冬瓜,又省稱爲白瓜,白瓜之名是因其皮上有白霜之故。

冬瓜

255. 北瓜

食用之瓜類,有西瓜,來自西方;有南瓜,來自南方,未有來自北方之瓜,而却有北瓜之名。此蓋因有西瓜、南瓜,而欲以瓜從四方之名,即借冬瓜爲東瓜,且又强出一"北瓜"之名耳。

　　南瓜屬(*Cucurbita* L.)中之植物,在我國栽培以供蔬菜而食用者,約有三種:其一,即較爲普通之南瓜[*C. moschata* (Duch.) Poiret];其二,爲常食用之筍瓜(*C. maxima* Duch.),此種皮色之白者,俗亦呼爲"白南瓜";其三,爲西葫蘆(*C. pepo* L.)。這三種南瓜屬栽培的瓜類,每種之中,都有變異品色,因而亦往往又各有其品名。西葫蘆的一個變種(*C. pepo.* L. var. *kintoga* Makino)有稱之爲"北瓜"者,筍瓜之皮白者亦或稱爲"北瓜"。"北瓜"一名,已不專指一種之瓜。

　　今山東省之西部(如陽穀一帶),有讀"白"爲"北"之上聲者。古人稱酒杯曰"大白",實是"大杯"之音轉。諸如此類,可見"白"音可轉爲"北"音。筍瓜皮之色白者,多稱之爲"白南瓜",若省去"南"字即是"白瓜",由"白瓜"可以因方言而讀若"北瓜"。這是瓜類名稱中有"北瓜"的一個來路。其他之皮色不白者,亦名"北瓜",當是勉强欲從東、西、南、北之義。上述一些瓜類,都爲熱帶性的植物,不當來自北方。

256. 蔓荆 (欒荆、母杶、無杶、蕪菁、蔓菁)

　　《證類本草·木部上品》載有"牡荆實",本於《名醫別録》；又載有"蔓荆實"，本於《神農本草》；還有"欒荆"，本於《唐本草》而載於《木部下品》。這三個名稱在本草書中，各家注者意見頗有紛亂。或説牡荆與蔓荆以子實之大小以分別；或説牡荆是直立之樹木，而蔓荆是藤本植物；或説欒荆即牡荆。從蘇頌《圖經本草》上觀察其所繪"蜀州牡荆"、"眉州蔓荆"以及"海州欒荆"等圖，雖不全爲同種之植物，而大致都是牡荆屬（*Vitex* L.）植物。如此看來，本草各家注説之紛亂，其關鍵當是在於名稱上的問題。

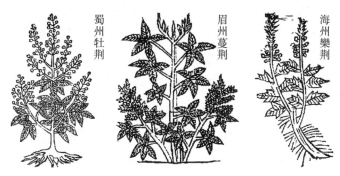

蜀州牡荆　　　眉州蔓荆　　　海州欒荆

關於"牡荆"名稱，前已得其解釋："荆"有强義；而"牡"是發語之詞，無意。值得注意的是，"蔓荆"和"欒荆"二名，在音讀上都與"牡荆"之名有關。

案：牡字本是牝牡之義，但作爲發語詞，則只取音聲，而不從原義，如"牡丹""牡桂"等名，"牡"字都無意思。牡字亦可轉爲"母"或更轉爲"無"，如《説文》："楡，母杻也。"《爾雅·釋木》曰："楡，無杻。"（今本作"無疵"者，疵是杻字之誤。）即是其例。"無"聲之字又

蔓荊

可轉爲"曼"聲,如"蕪菁"亦作
"蔓菁",亦是其例。如上之例,可
知"牡荊"一名本可轉爲"蔓荊",
已無問題。

　　"蔓荊"之"蔓",當讀若"蔓
菁"之"蔓",其音當若蠻而不當如
萬。"欒荊"之"欒"以"䜌"爲聲,
當可讀若蠻,與"蔓"亦是音近之
字。"欒荊"一名,該當即是"蔓荊"之轉,亦即"牡荊"
之轉。總之"牡荊"、"蔓荊"及"欒荊",都是同屬植物,
三個名稱該當亦是一個來源。一種藥名,所用者,常不
限於植物之一種,況此同屬植物,豈有不可通用之理?
本草書中三個名稱有所紛亂,又何足怪!

257. 杜仲(絲綿樹、木綿、思仙、思仲)

　　杜仲(*Eucommia ulmoides* Oliv.),産於山地之喬木,
其葉及樹皮中含有橡膠質的物質,折裂之出現白色絲狀
之物,秦嶺中人呼爲"絲綿樹"。杜仲之樹皮供藥用,其
名稱見於《神農本草》。
　　《證類本草・木部上品》載有《神農本草》與《名醫
別錄》之文曰:"杜仲,……一名思仙,一名思仲,一名木
綿。"陶弘景《注》云:"狀如厚朴,折之多白絲爲佳。"
《蜀本草圖經》曰:"生深山大谷,樹高數丈,葉似辛夷。

折其皮，多白綿者好。"據上述有關本草書中的記載，可知藥用之杜仲，今古一致。杜仲之別名"木綿"或"絲綿樹"者，易於瞭解，而其名"思仙"、"思仲"以及其"杜仲"之名，都甚奇異，當細索其爲名之故。

《本草綱目》李時珍曰："昔有杜仲，服此得道，因以名之。思仲、思仙，皆由此義。"這是説杜仲原爲人名，是因人名而轉爲藥名者。他又認爲杜仲是個得道的仙人，故杜仲藥物有思仲、思仙之別名。如此解釋，不知李氏有何所本？然而神仙之説，究竟荒唐，即有此類神話，亦不足據。"杜仲"、"思仲"及"思仙"等名，仍當別求解釋。

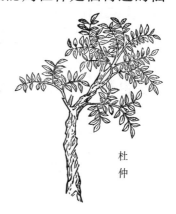

杜
仲

植物名稱，多用別字，其名之因音近而訛轉者甚多，"杜仲"、"思仲"以及"思仙"之名，可能都是由於字之訛轉而形成者，值得注意。

案：杜、土二字，古常通用，如《詩·豳風》"桑土"，或作"桑杜"；藥名"杜蘅"，一名"土鹵"，都是其例。"杜"或"土"者，在植物名稱中常與"天"、"地"同義，即是自然或天然生長的意思。《説文》："終，絿絲也。"絿與糾同義，"絿絲"即合聚絲縷之義。"終"字與"仲"字音近，不無關係。今疑"杜仲"是"杜終"之轉訛，意即言其物天然之多絲耳。其別名"思仲"即"絲終"，與"杜仲"之名略同。至於"思仙"之名,可能是由於神仙之説而產生者。所有與杜仲相關之名稱,都指其物之多絲而言。如此解説,總比聽從神話荒唐之言爲好。

258. 女貞

女貞(*Ligustrum lucidum* Ait.),今俗稱爲"冬青"。甘肅徽縣有村,村名曰"冬青樹",因其村有十餘株老大之女貞而爲此名。由此可知,通俗之所謂冬青者,即是女貞。不過植物的名稱因地而異,其他地方之名爲冬青者,又可能是別種植物。

"女貞"之名,見於《神農本草》,然諸本草對女貞之注解,頗爲紛亂,或有其他之種類混入者。蘇頌《圖經本草》所繪之女貞圖與今者無異。《唐本草注》云:"女貞,葉似枸骨及冬青樹等。其實九月熟,黑似牛李

女貞

子。"按牛李即鼠李,形之大小及顏色正與今之女貞相似,此所言之女貞,當亦與今者無異。惟不知其"冬青"與"枸骨"究爲何種耳。女貞,藥用其實,所用者大致今古無異。

本草書中既言女貞、枸骨及冬青三者爲相似之物,其類當亦

相近。陳藏器《本草拾遺》云:"按枸骨……木肌白似骨,故云枸骨。"又引陸璣《詩義疏》云:"枸骨理白滑。其子木虻子,可合藥。木虻在葉中,卷葉如子,羽化爲虻,非木子。"陳氏又云:"冬青……木肌白有文,作象齒笏。"據陳藏器之記述,可知枸骨與冬青,都是木理滑白的植物,而女貞與之相近似,種類相近,其木理亦必滑白。

《説文》:"楨,剛木也。"所謂"剛木"者,亦堅韌之木耳。"女貞",當作"女楨",言其木之堅韌而潔白。"女"有小義,如女牆爲短牆,女桑即小桑,都是其例。女貞樹雖老大亦不甚高,此即其所以稱"女"之故。

259. 荷(葉)

蓮(*Nelumbo nucifera* Gaertn.),亦通稱荷,又以其花爲荷花,其葉曰荷葉,可見"荷"是此植物之名。

《詩·陳風·澤陂》云:"彼澤之陂,有蒲與荷。"可見荷是此水生植物之名。《爾雅·釋草》:"荷,芙渠。"言荷即是芙渠,亦見荷是植物之名。郭璞《注》云:"別名芙蓉,江東呼荷。"見荷之爲名,甚爲通俗。

"荷",是蓮之一通俗名稱,古今一致。然則"荷"之一名,其取義爲何? 玆欲論之。

漢字多取於同音假借,故字可緣音而求其訓。今按:與"荷"音近之字有"藿"。豆之幼苗及豆葉都謂之藿。藿,亦是葉之義。如:藥物"淫羊藿",義即羊食而淫之苗葉;又"藿香",義即具有香氣之葉。其直用"荷"字為"葉"義者,如"蘘荷"及"薄荷"都是。蘘荷一名蘘荷,謂其嫩葉可釀為菹菜。薄荷是有香氣之植物。"薄"即薜,義為香,"荷"義是葉,故"薄荷",亦為香葉之義。蓮葉甚大,為其植物最顯著之部分,故其名為"荷",當是特別表示其葉之意。

《管子·地員》講到各種植物所生長的地方有高下不同的等次,舉例云:"葉下於虋,虋下於莧(莞),莧(莞)下於蒲,蒲下於葦,葦下於藿,藿下於蔞,蔞下於荓,荓下於蕭,蕭下於薜(薜)、薜(薜)下於萑(萑),萑(萑)下於茅。"用十二種植物說明其生長處所的高下。其中之葦,即蘆葦,是水陸交際之地所能生長的植物,在葦以上者皆為陸生植物,在葦以下者都是水生植物;其所例舉的水生植物,最下者為"葉",此種比較深水所生之植物,習見之者當即是荷。而此荷名"葉",該是與"荷"為同葉之名,都是表示其植物最顯著部分——大葉之意。蓮有"葉"名,故亦可以其同義之"荷"名之。

《證類本草·果部上品》載有"藕實莖"一物,下引陶弘景《注》曰:"此即今蓮子。"又引《蜀本草圖經》云:"此生水中,葉名荷,圓,徑尺餘。"此則以"荷"為蓮葉之專名,"荷"為葉之義甚為明白。《蜀本草圖經》之所以如此分別者,是受《爾雅》影響,故其下示引《爾雅》

之文。

《爾雅·釋草》:"荷,芙渠。其莖茄,其葉蕸,其本蔤,其華菡萏,其實蓮,其根藕,其中的,的中薏。"將"荷"之一種植物分爲若干部份,而各與以特定之名稱。如此分別,不免有所勉強,未必盡合事實。

植物名稱,往往顯示其一部份之特點,不必認爲即其部份之名稱,如"荷"義爲葉,因其葉大而顯著,故以爲名,所代表者則全植物,並非蓮葉之專名。或者由於習慣,植物之某一部份亦可有其專名,如以蓮之地下莖爲藕即是。然本草書中有"藕實",則是蓮子,又或以荷花曰"藕花","藕"則又成爲一植物之通名了。總之,解釋植物名稱,不可固執一端。

《爾雅》分別荷的諸部分之名,亦有錯誤者,如曰"其莖茄",即不確實。《詩·陳風》"有蒲與荷",《毛詩》如此,而《韓詩》作"有蒲與茄",是茄即荷,並非荷莖。植物有"五茄",爲具有五個小葉之植物,有"三茄",爲具有三個小葉之植物,見茄之義爲葉,茄與荷同義,故一作"有蒲與荷",一作"有蒲與茄",亦見荷之義爲葉。又,荷之與茄,亦是一聲之轉,如《左傳·成公十七年》:"同盟于柯陵",其"柯陵"或作"嘉陵",見"可"聲之字亦可作"加"聲,故"荷"亦可爲"茄",同物而同義。

《爾雅》於"荷"下又曰:"其葉蕸",這該是對的。"蕸"、"茄"音相近,"蕸"亦即"茄"之音轉,故其義爲葉。其他有荷各部份之名,此處姑且不論。

260. 薏苡

薏苡（*Coix lacryma-jobi* L.），栽培植物。果實中之米供食用，俗呼爲"薏仁米"。"薏苡"一名頗爲奇特，其義若何？茲爲討論。

《爾雅·釋草》於"荷"下曰："其中的"，郭璞《注》云："蓮中子也。"又曰："的中薏"，郭《注》云："中心苦。"陸璣《毛詩草木鳥獸蟲魚疏》曰："荷，芙渠。……其實蓮。蓮，青皮裹白，子爲的。的中有青，長三分，如鈎爲薏，味甚苦，故里語云'苦如薏'是也。"都謂"薏"是蓮子中的苦心，其實即蓮子中之胚。惟蓮子之胚特有"薏"名。"薏苡"一名，當與蓮子中的薏有關。

蓮子外有硬殼，剝其硬殼，始爲供用之部份。薏苡的子實，其外亦有硬殼，頗似蓮子之形狀，不過較蓮子略小，其名稱可以互爲類從，而蓮子中有薏，故此亦從薏爲名而曰"薏苡"。"苡"，從艸以聲，以字在文字之演化中與子字有關，"苡"可能爲"子"之義。"以"聲之字，又常與"人"音相轉，"苡"亦可能是"人"之義。"人"今通作"仁"，故薏苡之米亦稱"薏仁米"。後之一說，似較前者爲長。

261. 栗

栗（*Castanea mollissima* Bl.）樹，是一種果實具有殼

斗的山毛櫸科（Fagaceae）植物。凡栗屬（*Castanea* Mill.）植物之殼斗，都有若猬毛狀之針刺，其所以名"栗"者，即與此有關。

栗

"栗"者，鬣之同音字。鬣爲鬃毛之義，如馬鬃亦曰馬鬣，松樹之葉作鬃毛之狀，常二、三、五爲一束，故有"二鬣"、"三鬣"、"五鬣"之説。今以一種植物之殼斗之具有刺毛者而名之曰"栗"，"栗"即"鬣"耳。

262. 楊梅

楊梅〔*Myrica rubra*（Lour.）Sieb. et Zucc.〕，生於江南諸省山地之間的一種果樹。

楊梅

《證類本草·果部下品》載有《開寶本草》"楊梅"之文曰："楊梅，味酸。……其樹若荔枝樹而葉細，陰青，其形似水楊；子而生青熟紅，肉在核上，無皮殼。生江南、嶺南山谷，四月、五月採。"此記述者，正是今之楊梅。所言"楊梅味酸"而葉"其形似水楊"者，已暗示"楊梅"爲名之義了，即葉似楊柳之形而果實酸若梅耳。

263. 巨勝

古名"胡麻"即今之脂麻（*Sesamum indicum* L.），一名"巨勝"。"胡麻"之名，見"胡麻"條，兹次解者爲"巨勝"一名。

《證類本草·米穀部上品》載有《神農本草》之"胡麻"，云："胡麻……一名巨勝。"又引陶弘景《注》云："淳黑者名巨勝。巨者，大也，是爲大勝。本生大宛，故名胡麻。又：莖方名巨勝，莖圓名胡麻。"以胡麻之黑色者爲巨勝；又以莖之方圓分巨勝與胡麻；一人之注有二説之不同，當有是有非。

《唐本草注》云："此麻以角作八棱者爲巨勝，四棱者名胡麻，都以烏者良，白者劣爾。"此又以脂麻之果實之角棱，分別胡麻與巨勝爲二品。以上對於巨勝之解釋與分別，諸説頗不相同，應該再加考慮。

《詩·大雅·生民》云："維秬維秠"，毛《傳》曰："秬，黑黍也。"《説文》、《爾雅》皆謂"秬"是黑黍。是"巨"聲之字當有黑義。本草書中以巨勝爲黑色之胡麻，亦與"巨"聲之字有黑色之義相合。巨勝，是黑色胡麻（種子），該是正確之説。其他之説當是出於臆斷，不可聽從。"巨勝"一名，"巨"字之義已明，於下當釋"勝"義。

"巨勝"之"勝"，當與麻義有關。與"勝"音近之字有"蒸"。"蒸"，是麻稈，其義可申引而爲麻。疑"巨勝"之"勝"即"蒸"之假借。

"巨"，黑色之義；"勝"爲蒸之假借字，申之義爲麻。然則"巨勝"一名，義即黑麻，亦即今俗語謂之"黑脂麻"耳。其他，圓莖、方莖以及八棱、四棱之説，都無實據——脂麻都是方莖，其角之棱有四而無八者，或偶有異狀，亦不是通常之形，何能以之强爲名稱？

264. 灰滌菜（灰條菜、灰菜）

今有稱藜（*Chenopodium album* L.）爲"灰條菜"者，蓋"灰滌菜"之誤。"灰滌菜"之名，見於梁簡文帝《勸醫文》，《證類本草·米穀部上品》引之，其文有云："胡麻止救頭痛，今人云灰滌菜者恐未是，蓋今之藜也。"藜之別名"灰滌"而非"灰條"。

灰藋（灰滌）

"滌"者，洗滌之義。藜之植物軀體中含有多量之鹼質，燒灰，淋水，洗衣潔净，今人尚有如此用者，稱藜爲"灰菜"。名"灰滌菜"者，言其可以燒灰，水淋而洗滌衣物耳。言"菜"者，以其植物之嫩苗可供蔬食。"滌"與"條"相似，爲人誤讀滌爲條，遂以訛傳訛而至於今耳。

265. 青蘘（青葙、赤蘘荷、白蘘荷）

脂麻（*Sesamum indicum* L.），舊名"胡麻"；胡麻之苗葉謂之"青蘘"，説見《神農本草》，《證類本草·米穀部上品》載之。蘇頌《圖經本草》云："胡麻，巨勝也，生上黨川澤。青蘘，巨勝苗也，生中原川谷。今並處處有之，皆園圃所種，稀復野生。苗梗如麻，而葉圓鋭光澤，嫩時可作蔬，道家多食之。"其説本於《神農本草》，亦以青蘘爲胡麻之苗葉，然其所繪之圖，則爲今莧科雞冠花屬（*Celosia* L.）之一種植物，與今雞冠花屬之"青葙"相近。"青葙"，當即"青蘘"。今莧科植物之青葙（*Celosia argentea* L.），當是胡麻苗葉"青蘘"之代用品。故一名之下，有此兩種植物。今多以此莧科植物爲"青蘘"，而已忽略胡麻苗葉之青蘘了。

胡麻苗葉何以名"青蘘"，當是因其可供蔬菜之故。

古時食用蔬菜，多釀之以爲菹（如今之酸菜、泡菜及漿水菜之類），釀作菹菜之蘘荷，名之取義於釀；"荷"義爲葉。"蘘荷"者，謂其爲釀作菹之苗葉。以此例彼，則"青蘘"之"蘘"，當亦取於釀義，謂其爲可供釀菹之青菜耳。

蘘荷，有赤蘘荷與白蘘荷之分。或者，此"青蘘"與"赤蘘"、"白蘘"是相對之名，其意即謂其爲青蘘荷也。植物名稱，常以類相從。其用途同類，而名稱亦可有所關聯。

266. 醍醐菜

《證類本草·菜部中品》有"醍醐菜"，唐慎微引雷公云："草形似牛皮蔓，掐之有乳汁出，香甜入頂。"按此當是蘿藦科（Asclepiadaceae）植物，所記不詳，難以確知其何種。

"醍醐"，乳酪精者之名，此一植物名"醍醐菜"者，即言其爲具有乳汁之意。

267. 大豆

大豆〔*Glycine max*（L.）Merr.〕，是一種普通栽培植物。大豆有各色品種，有黃大豆、黑大豆及青大豆之顯著品種，大豆品種之間又有大粒、小粒之別，然統之爲"大豆"。"大豆"之名稱是對"小豆"而言。

"大豆"之名，早已有之，古稱大豆爲菽，小豆爲荅，顯然二者是相對之名，若無"小豆"之名，即亦無"大豆"之名了。如"小麥"而又有"大麥"，有"細麻"而又有"大麻"，都是相對之名。"細麻"即胡麻（脂麻），"大麻"古只稱"麻"，因二

大豆

者都供藥用，故陶弘景《本草注》分"細麻"與"大麻"。大、小之名，非相對不生。

268. 稷（粟）

古名"稷"，即今之粟〔*Setaria italica*（L.）Beauv.〕，亦即今北方所常栽種而產生小米之粟。穄，是黍（*Panicum miliaceum* L.）之不黏者，與"稷"不同。自唐時蘇敬（即蘇恭）注《本草》，誤以稷爲穄，後之沿此而誤用者甚多。今所釋者爲古名之"稷"，所指者爲產生小米之粟，而不指不黏黍之穄。

粟

稷之誤爲"穄"，是因其音近而致誤的，亦是以爲稷與穄同音之故。然稷字之音未必與穄相同。稷是從禾畟聲之字，而謖字從言畟聲，其音則與粟相近，如三國人名馬謖，是其一例。從文字上看，稷和粟，音既相近，義可相同，故稷即粟。粟與稷二名爲一物，其義亦必相近，或亦相同。然"稷"名之取義若何，是今欲知之問題？

《爾雅·釋畜》："犚，牛。"郭璞《注》云："犚牛庳小，今之犦牛也。又呼果下牛，出廣州高涼郡。""犦"爲庳小之牛，見畟聲之字有小義。今產生小米之粟，其古名之爲“稷”者,當亦取義於小耳。“粟”之作爲穀名用,當亦與之同義。

269. 龍牙草

今薔薇科植物有龍牙草(*Agrimonia pilosa* Ldb.),《證類本草·經外草類》載蘇頌《圖經本草》之“龍牙草”,其所繪之圖與今者不同,又有“紫背龍牙”,亦非今薔薇科之龍牙草,可見藥用之龍牙草,非只一種。

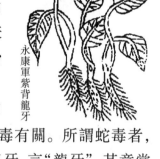

“龍牙草”之名稱奇特,其義久未得解。今觀《圖經本草》:“紫背龍牙,生蜀中……彼土山野人云:‘解一切蛇毒,甚妙。’兼治咽喉中痛。”可知:龍牙草以治蛇毒爲主。

永康軍紫背龍牙

按:蛇亦常稱之爲龍,或曰小龍。“龍牙草”之名當與治蛇毒有關。所謂蛇毒者,即謂被蛇咬傷之毒;蛇之咬人以牙,言“龍牙”,其意當謂蛇之咬傷。治蛇牙咬傷之草,故名“龍牙草”。

270. 紫金牛

今植物有紫金牛〔*Ardisia japonica*(Thunb.)Bl.〕。紫金牛是一種藥用植物,藥用其根。

《證類本草·經外草類》載蘇頌《圖經本草》之紫金牛,所繪之圖,與今者無異。其説云:"紫金牛,生福州。味辛。葉如茶,上綠下紫。實圓,紅如丹朱。根微紫色,八月採,去心暴乾,頗似巴戟。主時疾、膈氣,去風痰用之。"據此所述,是紫金牛植物具有紫色之部分,因以爲名。

福州紫金牛

其葉之背面固爲紫色,然其植物之名當沿用其藥物之名,其名恐不以葉言。藥用部分爲根,疑蘇言其根微紫色者,即其取名之義。"金牛",神秘、寶貴之物,故以之比擬此名貴藥物,而稱之爲"紫金牛"耳。

271. 清風藤

今植物有清風藤(*Sabia japonica* Maxim.),在植物分類學上又有清風藤屬(*Sabia* Colebr.)、清風藤科(Sabiaceae)等名稱,"清風"之名,究是何義?

《證類本草·經外木蔓類》載有蘇頌《圖經本草》之"清風藤",所繪之圖,略與今者相似,可能即是一物。《圖經》之説云:"清風藤,生天台山中,其苗

台州清風藤

蔓延木上,四時常有。彼土人採其葉入藥,治風有效。"
據此,可知清風藤是一主治風症之藥物。清者,除也。
"清風藤"之爲名,當即言其爲清除風症之物耳。

272. 烏桕

烏桕〔*Sapium sebiferum*（L.）Roxb.〕,是一種可供油
脂原料的樹木:它的種子之外具有蠟質,可供制燭之用;
種子内部含有多量之油質,可供榨油之用。烏桕生於
長江以南諸省,向北及於山東及陝西漢中一帶。木材
色白,可供製造木器之用。其葉中含有較多之鞣酸,
昔時供爲布匹黑色染料之用。今時通稱"烏桕",其他
別名,俗多不用。本草書中亦用"烏桕"之名,與今者
一致。

"烏桕"一名,或有其他寫法,"烏"或作"鴉";"桕"
或作"臼",更有作"鴉舅"者。因名
稱之書寫稍異而其名稱之解釋亦
頗紛紜。

烏臼木

有作"烏臼"者,或釋云:烏鴉
喜食其子,樹老則根凋如臼,故名
烏桕。其作"鴉舅"者,則謂烏鴉常
棲其樹,如甥之得舅,因以"鴉舅"
爲名。諸如此類之解説,尚有其
他,但多是望文生義之談,難以置信。獨有汪氏柏年之

解説最好,能切烏桕樹木之特點。茲引録於下,以釋
"烏桕"爲名之取義。

《爾雅・釋木》:"狄臧,槔。"汪柏年《爾雅補釋》
云:"槔,樊光本作'樗'。《説文》:'樗,木也。'翟氏引
《集韻》:'樗,柏也。'柏年案:皋、咎字通,'皋陶'古作
'咎繇'。'咎'又通作'臼',《晉語》'宜咎',《注》:'或
作臼',皆其證。然則槔即樗,亦即柏。戴侗《六書故》
曰:'樗,膏物也。葉如鳧蹼,遇霜則丹。其實外膏可爲
燭,其核中油可然燈。亦名烏桕。'"這是解釋《爾雅》中
的"槔"即是烏桕的。因此解釋,亦可知烏桕之"柏"以
其種子之油脂得名——因"柏"即"樗",即"槔",而槔
即脂膏之義。如此所釋,正與今烏桕種子之多油相合。
其説該是對的。

至於烏桕之"烏"字,可能是一發語之詞,無有意
義。或者,以其葉之可染烏爲説,取其黑義,恐不貼切?
一名之中包括二義,亦不方便。

273. 馬檳榔(馬金囊、馬金南)

馬檳榔(*Capparis masaikai* Lévl.)是白花菜科(Cappar-
idaceae)植物。其植物蔓生,與檳榔(*Areca catechu* L.)不
相近似,其名爲"馬檳榔"者,當有別故。

"馬檳榔"之名,見於《本草綱目》,李時珍於其名稱
無釋,只引《雲南志》作"馬金囊",又引《記事珠》作"馬

金南"，其"馬檳榔"之名則本於汪機《本草會編》。又引汪機云："凡嚼之者，以冷水一口送下，其甜如蜜，亦不傷人也。"似是以其爲口嚼之物猶檳榔，故有"馬檳榔"之名者。然其別名又作"馬金囊"、"馬金南"，與"馬檳榔"音近，則亦不能無疑。

謝肇淛《五雜俎·物部三》曰："北地有文官果，形如螺，味甚甘，類滇之馬金囊，或即云是也。後'金囊'又訛爲'檳榔'，遂以文官果爲馬檳榔。不知文官果樹生，馬金囊蔓生也。"案：此以"馬金囊"爲其植物之正名，而以"馬檳榔"爲"馬金囊"之誤訛；亦以"馬金囊"爲滇中之土名，與《本草綱目》所引《雲南志》之所用者相同。植物之産地即名爲"馬金囊"，自非以檳榔爲類從之名，何必牽強相解。然"馬金囊"之名恐亦無義，因有言其植物之果實如小瓜者，又未言其色黃，又何來"金囊"之名耶？

今視馬檳榔之果實，頗與馬兜鈴之果實相似而較大。因疑其名稱或與馬兜鈴有關。"馬兜鈴"者，謂其植物之果實如飾馬於頸項之鈴。頸與金音近；鈴之音，可轉而爲榔，亦可轉爲囊。恐是原作"馬頸鈴"，一訛而爲"馬金囊"，再訛而爲"馬檳榔"者。這樣解釋，雖無確實根據，但與實在情況相合。至於亦有咀嚼馬金囊之種子以代檳榔者，當是緣其名稱已訛之後而始生出之行動。檳榔，在我國南部普通，若果此一名稱確與檳榔相類從，則何以又有"馬金囊"之名？

274. 蒼耳（枲耳）

蒼耳（*Xanthium sibiricum* Patrin.）之假果有刺,俗名蒼子。其名稱“蒼耳”,當與刺義有關。

《山海經・中山經》:大𡶊之山“有草焉,其狀,葉如榆,方莖而蒼傷,其名曰牛傷”。郭璞《注》云:“猶言牛棘。”是此“傷”有棘刺之義。

又《西山經》:浮山“多盼木,枳葉而無傷”。郭璞《方言注》卷三:“《山海經》謂刺爲傷也。”這裏“無傷”即“無刺”之義。

菓耳

“傷”爲棘刺之義,然則“蒼傷”當作何解? 今案:倉聲之字,如槍爲直鋒之兵器,與倉音相近的薔薇之薔示其植物之多刺。由此義推之,則“蒼傷”,應爲複義之一詞,具言刺耳。

蒼耳之假果多刺,爲其顯著之點,故名曰“蒼”。“耳”者,當是語詞,無義。“蒼耳”猶言“蒼兒”,亦猶若今之言“蒼子”也。

蒼耳,於本草書中又作“枲耳”之名。案:枲是大麻（*Cannabis sativa* L.）之別名。蒼耳與大麻並無近似之處,亦不供纖維之使用,名曰“枲耳”無何取義。疑“枲耳”者，即“刺耳”之音轉，正與“蒼耳”之義相同。

275. 文官果（文冠、文光、崖木瓜、溫菘、問荆）

文官果（*Xanthoceras sorbifolium* Bge.），我國北方諸省所生長之灌木。花美麗，有栽培者。其果實如小瓜，種子之外有假種皮，可食。一名“崖木瓜”，見於《救荒本草》。《救荒本草》以“文官”作“文冠”，《本草綱目》又作“文光”，用字不相一致，當是寫其音而略其義。即“文官”之名，恐亦是訛轉，不可强作望文生義之解。

《救荒本草》云：“文冠花，生鄭州南荒野間，陝西人呼爲崖木瓜。”“崖木瓜”之名頗有意義。此植物在陝西，常生長於黃土山崖之上，其果如瓜，而木硬與瓜不同，故曰“崖木瓜”耳。“官”、“瓜”音近之字，今可從“崖木瓜”之名，以尋索“文官果”之爲義。

文冠果

植物名稱中，有以似是而非之物，而加以“溫”名者，如蕪菁與菘菜相似而曰“溫菘”，即是其例。又有“問荆”，亦即溫荆之義，言其叢生多莖而乏葉，猶若荆之莖條也。疑“文官”即“溫瓜”之訛轉，言似瓜而非瓜耳。今或謂人之不敏利者曰“瘟”，或曰“瘟生”。植物之名“溫”，亦猶人之言“瘟”，亦有不合適之義，故“文官”亦即“瘟瓜”,亦有若人之瘟生木納之義,與“崖木瓜”之名亦相近似。總是一種似瓜而非瓜之物,故名“温瓜”。後因訛轉爲“文官”而又以其爲果,遂曰“文官果”耳。至於“文冠果”及“文光果”等名,或即“文官果”之轉,亦即統由“温瓜”而訛轉耳。

276. 郁李（爵李）

夏味堂《拾雅·釋木》曰:“實無中核者曰郁。”這是説郁李因無核而得名的。然本草書中有“郁李人”,若郁李無核,又何能有人（仁）? 其説自非。

《證類本草·木部下品》載有“郁李人”,《神農本草》曰:郁李,“一名爵李”。“爵”或作“雀”,有小義。《蜀本草圖經》云:“樹高五六尺,葉、花及樹,並似大李,惟子小若櫻桃,甘酸。”實寫郁李爲小如櫻桃之李,與“爵李”之名相合。今郁李（*Prunus japonica* Thunb.）之果實亦小如櫻桃。藥用者雖不盡是此種,亦必爲其相近之種。此一李屬（*Prunus* L.）植物,因其實小而曰“爵李”,“郁李”之名亦當取義於小,始相吻合。

《詩·小雅·小宛》:“宛彼鳴鳩”,毛《傳》曰:“宛,小貌。”此“宛”字讀若郁,見郁音之字可有小義。郁李實小，其名稱當即取義於小，非謂其無核也。

又，郁字，與幼或幺二字之音皆近。郁李之"郁"當幺、幼之借字，故可訓"小"。

277. 柜柳

楓楊(*Pterocarya stenoptera* DC.)，一名嵌寶楓，一名柜柳。"柜柳"之名見於《本草衍義》。

本草書中有"櫸木皮"一條，寇宗奭《本草衍義》以爲"櫸"即"椐柳"，其文曰："櫸木皮，今人呼爲櫸柳。然葉謂柳非柳，謂槐非槐。木最大者五六十尺，合二三人抱。湖南北甚多。"如此所言者，正是今之楓楊。楓楊具羽狀複葉，小葉似槐葉而稍狹長，比之柳葉又較寬，即如寇氏視爲"謂柳非柳，謂槐非槐"者也。

櫸

所言樹木之高大與其主要之產地，亦與今之楓楊相合。柜柳即今之楓楊，當可無疑。

楊、柳二名，常爲人所通用，故作楊者或柳。果實具有二翅，若槭樹之果實，而槭或誤爲楓，故得"楓"名。"嵌寶楓"，謂其果實具二翅，猶若舊時銀製"元寶"之形，因名其樹爲嵌有元寶之楓耳。惟"柜柳"之義稍暗，然亦當與其果實之形狀有關。

疑"柜柳"意即"矩柳"。矩,爲工匠取方之器,即今所用之曲尺,二股之一端相接成爲直角,楓楊之果實具二細翅,略成直角,猶曲尺之形,故又名之爲"柜柳"耳。

278. 㮕棗

柿屬之一種曰軟棗(*Diospyros lotus* L.)。"軟"字當作"㮕"。"軟棗"之名,亦即取義於"㮕"。

軟棗

"㮕"字亦或作"栭"。《爾雅·釋木》:"栵,栭。"郭璞《注》云:"樹似檞櫟而庳小。子如細栗可食,今江東亦呼爲栭栗。"據此可知,㮕是一種栗屬(*Castanea* Mill.)植物,而其果實則小於栗。栗屬以及櫟屬(*Quercus* L.),即"檞櫟"之類,其果實之外皮都作棕褐色,與㮕棗果實之鮮而未乾縮者之色澤形狀甚爲相似,故從"㮕"而爲名。"棗"者,以其實之乾縮者又如棗耳。

279. 鼠李(牛李)

今植物有鼠李(*Rhamnus davurica* Pall.)。有藥鼠李(*Rhamnus cathartica* L.),供藥用。然舊時我國醫藥

中所用之鼠李,並非專指今之藥鼠李。我國醫藥所用之
鼠李,大致是今鼠李屬(*Rhamnus* L.)植物,所用者恐亦
不限一種,由本草書之記載可以略知梗概。

　　蘇頌《圖經本草》曰:"鼠李,即烏巢子也。本經不
載所出州土,但云生田野,今蜀川多有之。枝葉如
李。子實若五味子,色觺黑,其汁紫色,味甘苦。"
(見《證類本草·木部下品》所載。)此之所記者正是
今鼠李屬植物,而難確知其種。其圖略似今之鼠李,
亦不可確定。

　　寇宗奭《本草衍義》曰:"鼠
李,即牛李子也。木高七八尺,葉
如李,但狹而不澤。子於條上四
邊生,熟則紫黑色,生則青。葉至
秋則落,子尚在枝。是處皆有,故
經不言所出處。今關陝及湖南、
江南北甚多。木皮與子兩用。"此
一記述更爲清楚,可以知其爲今
鼠李屬植物,亦難確知其種。

蜀州鼠李

　　《圖經》云"枝葉如李",《衍義》云"葉如李",此當
是其名稱以"李"爲類從之故。然其子實究與桃李之李
不類,故曰"鼠李",以示區別。

　　鼠,小型之動物,或謂植物名稱之用"鼠"字,當有
小義。鼠李之果實確比桃李類之果實小,若以小義以釋
"鼠李"可謂合適。任昉《述異記》曰:"杜陵有金李。李

大者謂之夏李,尤小者呼爲鼠李。"〔此"鼠李",該是指李屬(*Prunus* L.)植物而言。〕可見"鼠"有小義,無疑。

鼠
李

然"鼠李"又有"牛李"之名,牛爲動物中之大者,"牛"字當有大義,此小型果實之植物而名曰"牛李",甚不合適。案:植物名稱之用"馬"或"牛"者,往往有大義;而用"鼠"或"兔"者,往往有小義。然亦不盡如此,鼠李一名"牛李",即是其例。大蓋凡植物之以類從爲名者,其前加之形容字爲表示區別之義,言"鼠李"或"牛李",表示其與桃李之李有所不同耳。鼠李之"鼠"因可訓"小",而牛李之"牛"不可訓"大"。

280. 麥(芒穀)

麥,一般指小麥而言,但小麥與大麥,亦可俱謂之麥。

《説文》:"麥,芒穀。秋種厚薶,故謂之麥。"因聲釋義。然此説未免出於臆斷。凡播種作物之種子,總要覆土,豈有不薶(今作"埋")而種之理,何獨麥而謂之"薶"耶?"麥"之爲名,必別有義。

今亦因聲求義,以爲其名當與"芒穀"有關。"芒

穀"者,謂穗之多刺芒也。麥與邁爲同聲之字,而邁爲
从辵蠆省聲之字。蠆即今螫人之蝎,故言"蜂蠆"謂鋒
刺之利。麥之穗具有鋒利之芒刺,故名曰"麥"耳。不
當以"厚薶"爲釋。同是以聲求義,而爲説不同,要當以
近理而合乎事實爲是。

281. 細辛(馬辛)

細辛(*Asarum sieboldii* Miq.),是一種藥用植物。藥
用細辛,不只限於此種,其同屬植物,可有數種,都名爲
細辛而供藥用。其他屬之植物,亦有稱細辛者,是代用
之品,非真細辛。

《證類本草·草部上品之上》
載《神農本草》曰:"細辛,……一
名小辛。"《管子·地員》曰:"羣藥
安生,薑與桔梗,小辛、大蒙。"此
一小辛,當亦即細辛。細與小,亦
是同義之字。《廣雅·釋草》:"少
辛,細辛也。"細辛又有"少辛"之
名。少與小同義,"少辛"亦即"小辛"。

細
辛

案:"馬"字,於植物名稱中,嘗表示大義。植物中
有"大薺",其根辛辣,一名"馬辛"。"馬辛"當即大辛
之義。植物名稱,亦嘗相對設,如大麥、小麥,大豆、小豆
是其顯例。苴麻之稱大麻,胡麻(即脂麻)之稱細麻,則

"大"與"細"相對爲名,其"細"亦即小義。"細辛"之名,當是與"馬辛"相對而言,同爲辛辣之物,而以大小爲區別耳。

《證類》又載蘇頌《圖經本草》之言曰:"其根細,而其味極辛,故名之曰細辛。"此説亦是,但嫌其孤立,不若聯繫"馬辛"之名以爲解釋,既表現植物名稱有相對而言者,亦不妨於其根之細小而味之極辛。

282. 常山(互草、恒山)

常山,供爲藥用之植物。然此一藥物,常包括若干不同種類之植物,而俱名爲"常山"。或有在"常山"名稱之前加以區別字樣,或否。此必是先有一基本之名,而後始有其代替之品者,因而一個"常山"名稱之下,其種不相一致。

常山

"常山"之名,見於《神農本草》,《證類本草·草部下品之上》載之。《神農》曰:"常山……一名互草"。案:"互"當即"恒"字,互草亦即恒山草之省稱。漢時爲避文帝之諱,因改地名恒山爲常山,藥名亦隨而改耳。

本草書中所記常山藥物之產地,或曰"益州……及漢中"(《別錄》),或曰"金州、房州、梁州"

（《蜀本草圖經》），或曰"宜都建平"（陶《注》），並與北
岳恒山及古常山郡無干。"常山"爲"恒山"所改，而"恒
山"之名，亦當別有來歷。

　　《漢書·地理志》武陵郡有縣名"佷山"，注引孟康
曰："音恒。出藥草恒山。"據此，則知"常山"藥草，原名
"恒山"，而"恒山"之名亦是"佷山"之轉訛，其藥以地
方之名爲名。佷山之地在古之武陵郡，所產藥草"常
山"不出於北方。"常山"藥草原爲何物，亦可於其產地
之有關者求之。

283. 升麻（周麻）

　　今植物升麻（*Cimicifuga foetida* L.），當是藥用升麻
之一種。本草書中所載之升麻，不只一種，蘇頌《圖經
本草》所繪升麻之圖亦有數種，不相一致。可見升麻藥
物，早已具有若干代用之品，而亦不
知其原始之物究爲何種。

　　升麻，與常山之名相仿，都是以
地名而爲藥草之名者。

　　《漢書·地理志》益州郡有縣
名"收靡"，注引李奇曰："靡，音麻。
即升麻，殺毒藥所出也。"升、收一聲
之轉。"升麻"亦即"收靡"。藥草
以產地之名爲名，正與常山之爲恒

升麻

山產於武陵郡之佷(音恒)山一例。

"收靡"縣名,亦有作"壽靡"者。《名醫别録》:"升麻,……一名周麻。"名稱不盡相同,都是由於音轉而無定字。可見"升麻"藥名,與"收靡"縣名,都是表示音讀之號,不必强求其義。

284. 藤

凡植物具纏繞之莖者,多謂之"藤",其名稱則往往曰某藤、某藤。藤者,縢(縢)也。

《廣雅·釋器》:"縢……繩,索也。"《詩·秦風·小戎》:"竹閉緄縢",毛氏《傳》云:"縢,約也。"案:約即約束之義,此作動詞用之縢,故訓約束。若縢作名詞用,則當如《廣雅》釋爲繩索。

纏繞植物之莖,纏繞他物而上昇,猶若繩索之約束,故多名之爲"藤"。

285. 豌豆(豍豆)

豌豆(*Pisum sativum* L.),原產歐洲及亞洲西部,我國大約在漢時已引入栽培。

東漢崔寔之《四民月令》中載有"豍豆"。晉時張揖之《廣雅·釋草》云:"豍豆、豌豆,𨄮豆也。"是豌豆亦名

豍豆。"豍",與西名豌豆爲"pea"之對音,"豍豆",自是由外語音譯之名。"豌豆",當是較爲後起之名,應有漢語之含義。

《廣雅·釋器》:"餥,謂之飽。"《方言》云:"飽,謂之餥。"注曰:"以豆屑雜餳也。"《説文》:"登,豆飴也。"《太平御覽》卷八百五十三引《蒼頡解詁》云:"飽,飴中着豆屑也。"飽與登同,豌與登亦當爲一字,是豌豆,即供爲飽餥之豆。所謂"以豆屑雜餳"、"飴中着豆屑"者,蓋即今食品中之"豌豆黄"。"豌豆",當是因其可製飽而得名。

或謂豌豆是張騫通西域時,由大宛國傳入之豆,故名豌豆。此恐爲臆度之辭。張騫由大宛傳入豌豆之説,無有根據。

286. 薺菜

薺菜〔*Capsella bursa-pastoris*(L.)Medic.〕,是一種野生的小草,嫩苗供蔬食用,故謂之"菜",而栽培者不甚多見。

《詩·邶風·谷風》曰:"誰謂荼苦,其甘如薺。"本草書中亦載有薺菜,與今者無異。今各地亦通名爲"薺

菜"。薺之一物,其實古今一致。

《周禮・天官・醢人》:"五齊",《注》云:"齊,當爲齎。……凡醢醬所和,細切爲齎,全物若腬爲菹。"是齊聲之字有細碎之義。薺菜小草,其苗葉多缺裂,"薺菜"之爲名,大蓋是取其植物小而細碎之義。

287. 柘(棘)

"桑柘"用爲一詞,表示蠶業之意,因桑(*Morus alba* L.)與柘〔*Cudrania tricuspidata*(Carr.)Bur.〕之葉俱可飼蠶。

明宋應星《天工開物》卷二《乃服・葉料》:"凡琴絃、弓弦絲,用柘養蠶,名曰棘繭,謂最堅韌。"此謂柘可養蠶,而其絲最堅韌。宋應星又謂柘葉所飼蠶之繭絲名爲"棘繭"。以柘爲棘,當是民間之俗語,即讀柘若棘耳。

案:棘有刺義,故具針刺之棗名曰棘。柘亦爲一種具有針刺之植物,而呼之若"棘",當亦其有針刺之謂。柘之讀若棘,知柘亦爲針刺之義。

柘字,各字書多作之夜切,音蔗,與蜂螫之螫一音。用爲動詞,螫謂蜂之刺;若作名詞,則其義當可爲刺。以具有針刺之植物而名之曰"柘"者,猶如蜂刺之言"螫"。若讀柘若棘,即亦猶棗之有刺而曰"棘"。

288. 浮萍

浮萍(*Lemna minor* L.),水中浮生之小植物。

《詩·小雅·小旻》:"不敢暴虎,不敢馮河。"毛氏《傳》曰:"馮,陵也。徒涉曰馮河,徒搏曰暴虎。"案:馮即憑字。馮陵,高加之義,故徒手游泳而涉水謂之馮河。萍音同憑,義可相通,故浮游於水上之植物,名曰"浮萍",當亦取於"馮河"之義。

289. 蜀漆(猪毛七、長蟲七、佛手七)

藥草"常山",一名蜀漆。"蜀"者,當即巴蜀之蜀,因此藥草多出於四川。"漆"者,則木液或油漆之漆,因其植物無乳汁,不足當爲油漆之義也。蜀漆之"漆",當是一個借音之字,別有其義。

《周禮·天官·食醫》曰:"食醫,掌和王之六食、六飲、六膳、百羞、百醬、八珍之齊。凡食齊眂(即"視")春時,羹齊眂夏時,醬齊眂秋時,飲齊眂冬時。凡和,春多酸,夏多苦,秋多辛,冬多鹹,調以滑甘。"是調和食品之五味之料,而稱之爲"齊"也。

又《瘍醫》曰:"瘍醫,掌腫瘍、潰瘍、金瘍、折瘍之祝藥、劀殺之齊。"鄭玄《注》云:"祝,當爲注。……注,謂附著藥。劀,刮去膿血。殺,謂以藥食其惡肉。"此處"藥"與"齊"互文,而共爲一義。是"齊"之義,亦即藥也。

又《鹽人》曰:"凡齊事,煮鹽,以待戒令。"鄭玄《注》云:"齊事,和五味之事,煮鹽湅治之。"此亦以調味之料爲"齊"。案:此"齊"音劑。今合爲一方之藥,謂之"一劑","劑"即"齊",古今字之不同耳。"一劑",謂一方相配合之藥,而各藥亦可稱之爲劑,與古用"齊"字之義相同。

藥物可稱之爲"齊",故凡藥,有稱之爲"齊"者。"蜀漆"當即"蜀齊",言其爲蜀地所產之藥耳。

現今在川、陝地區,有一種醫生自採藥草,爲人治病,俗稱之爲"草藥醫生"。這些草藥醫生所用的藥草,與普通的藥不同,凡是藥草之名都用"七"字,稱之曰某七某七,如"豬毛七"、"長蟲七"、"佛手七"之類,不一而足。這一"七"字,亦當是"齊"之借字,某七某七者,即某齊某齊,亦即某藥某藥之義。

290. 稻

有些習見習用的植物,它的名稱却甚難解釋。食用之五穀,雖然日常與它們接觸,而多不知其名稱的取義。稻米常供食用,而"稻"名之取義何在,未見有確切的解釋。

我初以爲"稻"之名稱,可能是取義於"滔",言其爲水生之物。然熟思之,又覺"滔"字是指水之波瀾而言,與稻之生於止水的意思不合,不當那樣解釋。"稻"名之義,還是無有合適的解釋。

今日,偶思稻之穎果,與其他之穀類不同,它既粒大而其外又具有一層硬質的殼,脱殼之後,始成食米。稻穀脱殼,無機器之時,用臼杵搗之而成。"稻"、"搗"一聲之字,恐有關係。經過考慮,我初步認爲:"稻"的名稱,大蓋就是因它必需搗而成米之故。

稻

"舀"字,從爪在臼上,當即搗米之搗字。"稻"字從禾舀聲,其聲當亦兼義,恐是謂此禾穀,必須舀之而始成米耳。

"稻"名之取義,我現在如此解,似較先者稍長。亦不敢自謂其必是,姑且提出,以供參考。

291. 天門冬(滿冬、顚冬)

藥用植物天門冬,或省稱"天冬",或省稱"門冬"。

藥用不只一種,大約都是今天門冬屬(*Asparagus* L.)之植物。藥用其根之膨大部份。

《爾雅·釋草》:"蘠蘼,虋冬。"郭璞《注》云:"門冬,一名滿冬,《本草》云。"是"門冬"亦可作"滿冬"或"虋冬",其音略同,即所謂一聲之轉,而其義無別。"天"字在植物名稱中,往往爲自然之義。謂之"天門冬"者,即言其爲天然所生之門冬也。兹欲釋者,即"門冬"二字是何取義。

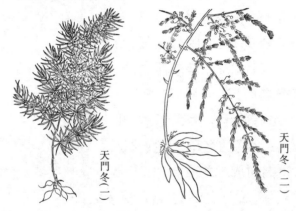

天門冬(一)

天門冬(二)

案:《詩·大雅·生民》:"維穈維芑",毛《傳》云:"穈,赤苗也。芑,白苗也。"又《王風·大車》:"毳衣如璊",毛《傳》云:"璊,赬也。""穈"與"璊"音近之字,而都有赤色之義。璊之音讀若門,是"門冬"、"滿冬"及"虋冬"都是一音之轉而又都當亦有赤色之義。今藥用天門冬,是其根之膨大部份,外皮暗赤褐色,是當即其取名於"門"之故。而"冬"者,自當是指此藥用之部份而言。

天門冬的藥用部份,狀如紡錘之形而較長,外有赤褐色之皮,今之生藥,已刮去外皮,瀹以沸湯,風乾而成。如此之生藥,作半透明之物,猶如冬日屋檐下垂冰錐之狀。古文"冬"字有作"𡆥"形,或從日作"昗"者,這該即是夏冬之冬。金文冬字有作"𠆧"形者,實像冬日屋檐下垂之冰錐(𠆧爲屋形,其下{)則若冰錐之有節),蓋冬字之本義,與冰凍之凍字音義相通,而字以檐冰之象形。門冬之冬,當是取於冬字之本義,即指其根膨大之塊根而言。

"天門冬"者,言其藥物爲天然產生而帶紅色之冰冬耳。

292. 麥門冬(麥冬)

藥用植物,與天門冬相類者,又有麥門冬。麥門冬或簡稱爲"麥冬"。其藥用部份,亦是該植物之紡錘形的塊根。藥用麥冬大約是今麥冬屬(*Liriope* Lour.)植物,所用亦非一種。

麥門冬

羅願《爾雅翼·釋草七》曰:"'䔰蘼,虋冬。'郭璞曰:'今門冬也,一名滿冬。'按虋冬有二:其一,則天門冬,一名顛棘,《釋草》所謂'髦,顛棘'也,故郭璞注'顛棘’云：‘細葉有刺，蔓生’；其一，則麥門冬，生山谷肥地，葉如韭，四季不凋，根有鬚作連珠形，似礦麥顆，故名。”羅氏又引《潛夫論》曰：“夫理世不得真賢，譬猶治疾不得真藥也。治疾當得麥門冬，反得蒸礦麥。己不識真，合而飲之，疾以寖劇，而不知爲人所欺也。”這是以麥冬藥物，似礦麥顆粒之形而作“麥門冬”這一名稱之解釋的。

麥門冬有一種，其根珠頗小，認爲狀似礦大麥顆粒之狀尚可，然麥門冬藥物之節顆亦有較大者，如今習用之寸麥門，則不相合。羅願曾説麥門冬“葉如韭”，這是符合事實的。韭葉與麥葉，本甚相似，“麥門冬”之名稱，自可與麥有關。

“麥門冬”，當是以“天門冬”相類從的名稱，謂此一植物，爲葉形如麥之“門冬”耳。似礦麥顆粒之解釋，只於一種之生藥上著想而生，不若麥葉的解釋爲長，因麥冬屬（*Liriope* Lour.）植物之葉，未有不如麥者。

293. 雞桑（鬼桃）

植物有名爲雞桑（*Morus australis* Poir.）者，是一種野生的桑樹。桑，而以“雞”爲名，似非雞鴨之雞，當是別有取義。

植物名稱之以類相從者，往往於其所從之名上加一字，如“羊”、“鬼”字樣，以示區別。

凡稱“羊”或“鬼”者，如“羊桃”一名“鬼桃”，示其與桃相似，並無真羊、真鬼之義。今野生之桑，而名曰“雞桑”，當亦此之一類。

《列子·説符》云：“楚人鬼而越人譏。”“譏”即“鬼”，因方俗而不同。“雞”與“譏”一聲之字，自可借“雞”爲“譏”。與家桑相似之一種而名曰“雞桑”者，當即“譏桑”，猶言“鬼桑”，示其與家桑有別耳。

294. 鴨梨（鵝梨、雅兒梨、沙雅爾梨）

梨之一種，有鴨梨，北京俗呼爲“鴨兒梨”。鴨梨之形象及用途等等，都與鴨無關，“鴨梨”或“鴨兒梨”之名稱，當別有其故。

清朝末年，震鈞作一部談説北京故事的書，叫作《天咫偶聞》，其書中提及“雅兒梨”是“沙雅爾梨”呼訛。今按：沙雅爾是新疆南部的地名，其地確亦産梨，然其梨雖佳而與北京之“鴨兒梨”不同。

在稍古舊的文獻中，不見有“鴨梨”這個名稱，只有一個與之近似的名稱，是“鵝梨”。凡關於鵝梨的記載，都説鵝梨出在北方，大約是黃河以北。而今黃河以北的地方，又不見有呼爲“鵝梨”的一種梨，却很奇怪。

王象晉《羣芳譜·果譜·梨》云：“乳梨出宣城，皮厚肉實而味長。鵝梨出河之南北，皮薄漿多，味頗短，香則過之。”兩種梨果相對比，由此可以看出，舊時之所謂"鵝梨"者,當即今之"鴨梨"。鴨梨皮薄漿多,是其特點,其他之梨,罕有能比之者。鵝梨豈非即是鴨梨?

疑"鴨梨"的名稱,是由"鵝梨"之訛轉。近年北方鵝已稀見,而鴨較習知。稱"鵝"之果名而轉變爲"鴨",亦意中之事;且商品往往用以俗而顯明之名,此亦是其一端耳。

鴨梨果實於近果柄之一端,有一突起的部分,表面呈黃赤色,與鵝之頂部相似,此當是其原名"鵝梨"之故。

295. 通脱木

通脱木〔*Tetrapanax papyriferus*(Hook)K. Koch〕,莖中具有大而白色的髓部,作生藥,通稱"通草。"

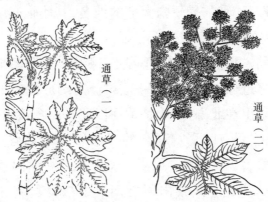

通草(一)

通草(二)

方以智《通雅》卷四有云:"通俛,猶輕脱也。《王粲

傳》：'劉表以粲體弱通侻。'《隋書·陸爽傳》：'侯自性
通侻。'《蜀志》：'李譔體輕脱。'"據此可知，"通脱"一
詞，有體質輕弱之義。

通脱木，因髓大而質輕，故有其名。

296. 遠志（葽繞、棘蒬、小草、棘菀、細草）

《爾雅·釋草》："葽繞，棘蒬。"郭璞《注》："今遠志
也。似麻黃、赤華，葉鋭而黃。其上謂之小草，《廣雅》
云。""遠志"藥名，見於《神農本草》，載於《證類本草·
草部上品之上》。其文曰："遠志，味苦，温。主欬逆、傷
中，補不足，除邪氣，利九竅，益智慧，耳目聰明，不忘强
志，倍力。久服輕身不老。葉名小草，一名棘菀，一名葽
繞，一名細草。"總起來説，遠志有葽繞、棘蒬、棘菀、小
草、細草等別名。

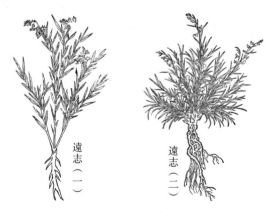

遠志（一）　　遠志（二）

　　如今藥用之遠志,不限細葉遠志(*Polygala tenuifolia* Willd.)一種,但多爲遠志屬(*Polygala* L.)植物。藥用其根部。

　　然而藥用植物,自來即很混亂,往往以大不相同的東西混充代替,久而也就分別地域,各爲其習用之品了。《證類本草》所載蘇頌《圖經本草》"遠志"的圖形,即有多種,而其中即有非遠志屬(*Polygala* L.)的植物。蘇頌對於遠志的描述是綜合性的,其中包括着各種不相同的東西。郭璞所説的遠志"似麻黄,赤華"者,與如今的遠志不同。如今的遠志,與麻黄不相似,也不是開紅花。郭氏所言之遠志,即恐非正品。

　　顔師古《急就篇注》云:"遠志,主益智惠而强志,故以爲名。一名葽繞,一名棘菀。其葉名小草,亦目其細小也。"這是較早的解釋遠志這一名稱的。《本草綱目》李時珍從之。

　　案:强志,是記憶力强盛的意思。智惠,即智慧,是聰明的意思。因爲有益於智慧,故又曰强志。但是,"强志"與"遠志"的意思並不相同。顔氏以"强志"解釋"遠志",未免牽强。

　　"遠志"一語,古書中頗有用者,如《國語·周語》云:"百姓携貳,明神不蠲,而民有遠志。""遠志",韋昭《注》云:"欲叛也。"《吕氏春秋·慎大》:"衆庶泯泯,皆有遠志。"高誘《注》云:"有遠志,離散也。"又《上農》:"民舍本而事末則其産約,其産約則輕遷徙,輕遷徙則國家有患,皆有遠志,無有居心。"高誘《注》云:"居,安也。"這些"遠志"的辭語,都是作"遠離的心思"或"遠去的心思"講的。從來不見"遠志"有作"强志"的意思講的。所以我説顏《注》牽强。

"遠志"一名,指其植物根部而言,"小草"一名,指其植物莖葉之部份而言,這是爲了藥物(即生藥)上的分別。若從植物上説,則"小草"即遠志之別名耳。遠志又有"細草"、"葽繞"、"棘菀"及"棘蒬"等別名。不同的別名,有時取義相同,"細草"與"小草"是其顯著之例。故可以從遠志的別名中求知"遠志"的取義。

案:《集韻》:蒬與莞同,"雨阮切",音遠,"蒬菀,藥草,或作莞"。是遠志之"遠"(或作"蒬")與"莞"同音,又與"菀"音近。"棘"與"志"音近。疑"遠志"一名即由於"棘菀"或"棘蒬"之倒裝。"棘菀"或"棘蒬",若倒之作"菀棘"或"蒬棘",即與"遠志"的音讀一致了,或説是一音之轉了。"遠志"自可與"棘菀"同義。

《詩·小雅·小菀》:"菀彼鳴鳩",毛《傳》云:"菀,小貌。"* "菀"字有"小"義,已與"小草"一名之"小"相同,這就有可能是"菀棘"與"小草"爲同義的名稱了。查有關草義之字有"芥",音與棘近。《方言》卷三:"蘇、芥,草也。江淮、南楚之間曰蘇。自關而西,或曰草,或

---

* 今《詩經》所載,"小菀"、"菀彼"、"菀小貌","菀"並作"宛"。揆文意,是以"菀"從"宛",故有小義。——編者注。

曰芥。"是芥與草同義之證。《康熙字典》"芥"字下云："又叶居吏切,音記。"並引王粲《浮淮賦》爲證。芥之音讀若記,與"棘"之音甚近。由此二事,可知"菀棘"亦與"小草"之名同義。

"棘菀"即"棘菀",顛倒之則爲"菀棘"或"菀棘",別寫作爲"遠志"。"遠志"一名,自亦與"小草"同義,謂其植物形體之小耳。

"葽繞",亦是遠志之別名,其義當亦與"小草"相同。"葽"、"幺"音近之字。"繞"、"召"或"少"亦音近之字,可能又是"小"義。或者,"繞"即"草"字之音轉。

297. 芥菜

十字花科植物,有芥子菜〔*Brassica juncea*(L.)Czern. et Coss.〕,種子甚辛辣,供食品之調味料,嫩葉亦供食用,或稱爲"芥菜"。又有雪裏蕻〔*Brassica juncea*(L.)Czern. et Coss. var. *crispifolia* Bailey〕嫩葉供食用,有辛辣之味,亦呼爲芥菜。

芥

案:"介"有大義,於此不合。"芥"有草義,於此又泛而不切。芥與薊通,有棘刺之義(見"薊"條)。棘刺,可伸引爲"激刺",故物之入口有辛辣之味而激刺人者，亦可用棘刺義字。"芥菜"爲名，當取義於具有辛辣味之植物。

298. 大戟

大戟（*Euphorbia pekinensis* Rupr.），是一種藥用植物。《名醫別録》云：大戟"生常山"，與今大戟之産地相合。然藥用者，恐不只限於此種？大概，所用者是大戟屬（*Euphorbia* L.）植物之根部。其根有毒。

大戟

李時珍《本草綱目》於"大戟"之"釋名"曰："其根辛苦，戟人咽喉，故名。"此以"戟"爲棘刺之義，伸引而作動詞激刺之用。其説亦是。

案："戟"、"棘"同聲之字，可以通借，故"戟門"《周禮·天官·掌舍》作"棘門"。棘刺亦可伸引爲辛辣、辛苦而激刺於人之義，故藥物之有毒性者可謂之"戟"。《爾雅·釋草》："茛，堇草。"郭璞《注》云："即烏頭也，江東呼爲堇。"烏頭，有毒之藥物，别名曰"茛"。"茛"、"戟"一聲之字，"茛"之名，當亦是因其毒而激刺人之故。

"大戟"之名，可能是與某一有"小"名之藥相對而設,以示區別者。或即是與"細辛"相對之名?"細辛",亦名"小辛",因是都有辛味之物,而"大"之與"小"?

299. 百部

百部〔*Stemona japonica*(Bl.)Miq.〕之塊根,是其鬚根的膨大部分,猶天門冬之狀。藥用之百部,不僅限於此種,凡同屬植物之具有此種塊根者,多供作藥用。

百部

"百部"之名見於《名醫別錄》,是一個古老的名稱,是何取義,解釋於下:

案:《淮南子·説山訓》云:"羿死桃部。"部與棓通,即古時以爲刑具的大杖,言羿死於桃木大杖之下。古刑具棓之爲物,如今之木棒(棓亦即今棒子),其一端較細,作圓柱形,爲手執之處;其另一端較粗,作扁壓之形,爲拷擊人體之處。棓者,當即後世所謂之"金吾",亦當即近世俗呼爲"軍棍"者耳。此種刑具,古名爲"棓",或通作"部"字。

百部之"百",言其多也。百部植物,具有多數鬚根,其纖細鬚根之上又有膨大如棒形之塊根,一粗一細,略似古"棓"之狀,故名"百部"。

300. 百合

百合屬(*Lilium* L.)植物,具有鱗莖,其肥厚之鱗片可食,亦供藥用。藥用者亦有數種。"百合"之名,當與其鱗莖有關。

百　合

"百合"與"百部"當是一類的名稱。"百部"言其根多棒狀之"部"(棓),"百合"當是言其具有多數之"合"。"合"是何物? 當從其鱗莖之上觀察。

"合"字讀若"盒子"之盒,亦可讀若"升合"(量器名)之合,其音與"蚌蛤"之蛤相近——蛤字以合爲聲音之符。蛤,是貝之一類。百合之鱗莖猶若許多蛤蠣之殼片,故名之曰"百合",即百蛤之義。

與百合之鱗莖相似而形小者,有貝母。貝、蛤正是一類之物。

301. 蘆菔(大根、蘿蔔、萊菔、蘆萉)

作蔬菜的蘆菔(*Raphanus sativus* L.),日本名爲"大根",以其根之肥大之故。

　　“蘆菔”之名字，寫法有所不同，或作“蘿蔔”，或作“萊菔”，都是一聲之轉，並無不同的意思。《爾雅·釋草》：“葵，蘆萉。”郭璞《注》曰：“萉，宜爲菔。蘆菔，蕪菁屬，紫華，大根，俗呼雹葵。”解釋“葵”即“蘆菔”。不過其字又作“蘆萉”耳，此亦一聲之轉。“紫華”正是蘆菔，而與蕪菁有別（言蘆菔爲蕪菁之屬，與今之植物學不同）。“大根”，亦是蘆菔之特點。“蘆菔”之名，當與其根之肥大有關。

　　“蘆”字音近之字有“陸”。《廣雅·釋詁》：“陸，厚也。”《爾雅·釋地》：“高平曰陸。”李巡《注》云：“謂土地豐。”案：“豐”之義亦爲厚。又《爾雅·釋魚》：“魁，陸。”郭璞《注》：“《本草》云：‘魁，狀如海蛤，圓而厚。’”是動物之名“陸”者，亦是厚義。《方言》卷十二：“攄，張也。”是“盧”聲之字，可有張大之義。“蘆菔”之“蘆”以“盧”爲聲符，又與“陸”字音近，是“蘆菔”之“蘆”亦當有厚大義。

　　“菔”字與“茇”爲音近之字，可以有根之義。《方言》卷三：“茇、杜，根也。東齊曰杜，或曰茇。”是“茇”有根之義，故《本草》“藁本”亦名“藁茇”，“本”與“茇”都是根義。“茇”字讀音若撥，正與今俗讀蘆菔之音相近，可見菔即茇，其義爲根。

　　“蘆”有肥厚之義，“菔”爲根之義，故知“蘆菔”與日本名稱“大根”同義，均謂其主根之豐厚。“蘆菔”與“大根”，乃今古方言之差異。

302. 蘆葦（蘆、葦）

蘆葦（*Phragmites communis* Trin.），普通之淺水植物。其名稱，或單曰"蘆"，或單曰"葦"，今通常合而言之曰"蘆葦"。

"蘆"，有厚大之義，已見於"蘆菔"條。"葦"，亦有大義，與今俗言"偉大"相伸引。蘆葦，同一種植物：生於淺水者，較爲粗壯而高大；生於乾旱之地者，較爲細弱而矮小。故其高大粗壯者名之曰"蘆"或"葦"，而矮小細弱者名之曰"葭"。"葭"，當即灌木叢生之義，自然更顯其密集，故以"葭"爲名而示之。相對爲名，其粗大者因名"蘆"或"葦"耳。

303. 芭蕉

芭蕉屬（*Musa* L.）植物，葉柄中有强韌的纖維，可作麻用。其中之著名者，爲馬尼拉麻（*Musa textilis* Née.）。甘蕉（*Musa sapientum* L.）及芭蕉（*Musa basjoo* Sieb. et Zucc.）之葉柄中纖維，亦供麻使用。"芭蕉"之名稱，與其產生有用之纖維有關。

《史記・張儀傳》："苴、蜀相攻擊。"《索隱》曰："苴，音巴。謂巴、蜀之夷自相攻擊也。"是"苴"與"巴"

通,"苴蜀"即"巴蜀"。苴之義本爲麻,今俗尚有呼大麻(*Cannabis sativa* L.)爲"苴麻"者。苴與巴相通,是"芭蕉"之"芭",其義當爲麻。

《説文》:"𣏌,葩之總名也。"又:"麻,與'𣏌'同。"是"葩"於此亦爲麻義。麻之名當亦有呼若"巴"者,故芭蕉之"芭",亦爲麻義。

又《説文》:"蕉,生枲也。"枲亦是麻,故芭蕉之"蕉"亦是麻義。

芭蕉産有用之纖維,故其名從麻義。"芭"義爲麻,"蕉"義亦爲麻,"芭蕉",複詞之名耳。

304. 蕺菜

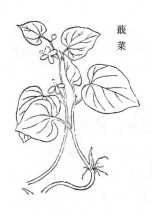

蕺菜

蕺菜(*Houttuynia cordata* Thunb.)之地下莖供藥用,亦供食用。

案:蕺字有收藏之義。蕺菜之地下莖可食,當亦可作葅菜。醃葅之菜而蓄藏之,故有"蕺菜"之名。

305. 甘露子

脣形科的草石蠶(*Stachys sieboldii* Miq.),一名"甘

露子"。

"甘露子"之名,就字面解釋,却講不通。"甘露"成
語,是一種雨露之義,與其植物無相合之處。植物名稱
常用別字,"甘露子"之"露",當作"蘆"字爲是,即與
"蘆菔"、"蘆葦"之蘆同義。"蘆"有膨大肥厚之義,"甘
露子"之塊莖肥大,可食,故可謂之"甘蘆子",與甘藷、
甘蔗等爲一類之名。因有"甘露"成語,故訛作"甘露
子"耳。

306. 酸模(貝母、酸母)

蓼科植物酸模(*Rumex acetosa* L.),其名稱作"楷
模"字,義無所取,"模",當亦是同音假借之字。

《方言》卷十:"荕、莽,草也。東越揚州之間曰荕,

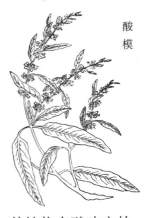

酸
模

南楚曰莽。""莽"字,郭璞音爲
"嫫母"。是"莽"與"嫫"及"母"
皆是一聲之轉,故"母"字亦有草
義,如"貝母"即爲具有貝狀鱗莖
之草;酢漿草亦名曰"酸母",亦
是酸草之義。

"酸模"之"模"與"莽"亦是
一聲之轉,其義當亦爲草。蓋因
其植物有酸味之故。

307. 苦蕒菜

苦蕒菜

菊科植物苦蕒菜〔*Ixeris denticulata*（Houtt.）Stebb.〕，其名稱見於《救荒本草》，河北俗呼爲"苦蕒兒"，"蕒"音讀若"模"。模義爲草（見"酸模"條）。

前已釋"酸模"爲酸草之義，此"苦蕒"當即是苦草之義。因此帶有苦味之草，可作野菜食用，故謂之菜耳。《救荒本草》中的植物名稱，多從俗音，用字不甚究其意義。

308. 秋子胡桃

秋子胡桃（*Juglans mandshurica* Maxim.），或呼"胡桃秋子"，是一種似胡桃而非胡桃之植物，其果實內殼堅硬，亦無肥厚之胚乳可食，俗以"秋子"爲名，以區別於真正之胡桃。

《廣雅·釋鳥》："鶩子、鷙、鷇，雛也。"《方言》卷八："雞雛，徐魯之間謂鶩子。"字亦或作"秋"，《淮南子·原道訓》高誘《注》云："屈，讀秋雞無尾屈之屈也。"借"秋"爲"鶩"。"秋子胡桃"或"胡桃秋子"之"秋子"當爲"鶩子"之義。謂"秋子胡桃"者，言此種之胡桃只具胡桃之雛形，而非真正之胡桃耳。

309. 莙蓬

　　藜科(Chenopodiaceae)中有食菜莙蓬(*Beta vulgaris* L.)者，本爲歐洲原産，今各處栽培，葉供食用，在農村中亦多稱爲"莙蓬"，未聞有其他之名者。

　　"莙蓬"之名，據今存《證類本草・菜部下品》所引，謂出自孟詵、陳藏器、陳士良、日華子諸家之本草，是這種植物在唐時已引入我國了。今之植物學者，多誤用"菾菜"之名以代莙蓬，是根據李時珍《本草綱目》而沿誤的。"菾菜"之名，出自《名醫別錄》，若如從李時珍説，則莙蓬之引入時代當在漢世，故不可不分辨明白。

　　"莙蓬"這一名稱，其意義與其植物形態相關，而"菾菜"之名若用爲莙蓬(*Beta vulgaris* L.)之別名，就難以作解釋了。兹先辨明菾菜之非莙蓬，然後再解釋"莙蓬"這一名稱。

　　《證類本草・菜部中品》載有"菾菜"。其《名醫別錄》之文曰："菾菜，味甘苦，大寒。主時行壯熱，解風熱毒。"又引陶隱居云："即今以作鮓蒸者。菾作甜音，亦作忝。時行熱病，初得，便搗汁皆飲，得除差。"根據以上《別錄》及陶《注》之文，都不能知"菾菜"究爲何種植物。

　　《唐本草注》云："此菜似升麻苗，南人蒸焦（原注云音缶）食之，大香美。"這一記載，以及菾菜之形狀，云"似升麻苗"，茲視《圖經本草》所繪升麻之圖，與今植物學中毛茛科（Ranunculaceae）之升麻（*Cimicifuga foetida* L.）無大差異，其苗葉之形狀與莙蓬（*Beta vulgaris* L.）絕無相似之處。又云："南人……食之甚香美"，亦與今莙蓬之食帶澀味者不同，其非一物甚明。

又案：《蜀本圖經》云："高三四尺，莖若蒴藋，有細稜，夏盛冬枯。"這也不像莙蓬的樣子。

《證類》又引陳士良云："菾菜葉似紫菊而大，花白，食之宜婦人。"這一叙述，葉不能與莙蓬相合。

從以上這些古老的《本草》的記述中，都可證明菾菜不是莙蓬（*Beta vulgaris* L.），不知李時珍何以誤合二者爲一物，以致於今仍然把莙蓬當作菾菜而沿用其誤。

《證類本草·菜部下品》曰："莙蓬，平，微毒補中，下氣，理脾氣，去頭風，利五藏。冷氣。不可多食，動氣。先患腹冷，食必破腹。莖灰淋汁洗衣，白如玉色。"其爲藥物之功用，雖不可確爲何物，而其莖灰淋汁可以洗衣使之潔白，則正爲藜科植物無疑。見此作藥物之莙蓬當即現今習見之莙蓬（*Beta vulgaris* L.）。"莙蓬"之名稱，其義亦與今植物形態相合。

字書《類篇》"蓬"字下云："蓬，芔名，馬舄也。"案《爾雅·釋草》："馬舄，車前。"郭璞《注》云："今車前草，大葉，長穗，好生道邊，江東呼爲蝦蟆衣。"據此，"馬舄"者，即今習見之車前草（*Plantago asiatica* L.）。車前草之別名曰"蓬",也與"馬舃"相通。

（未完待續）

附《植物名義初稿·莙蓬》原文：

《本草綱目》李時珍曰："忝菜即莙蓬也。忝與甜通,因其味也。莙蓬之義未詳。"又曰："忝菜正、二月下種,宿根亦自生。其葉青白色,似白蘵菜葉而短,莖亦相類,但差小耳。生熟皆可食,微作土氣。四月開細花,結實狀如茱萸梂而虛輕,土黃色,內有細子。根白色。"

按 *Beta vulgaris* L. 之供蔬食者,今俗猶稱爲莙蓬。其生長之形狀、食用及氣味等,皆與李說相合。莙蓬爲食葉之 Beta 無疑。何以名之曰莙蓬,李氏未詳。

今檢《說文》"莙"下曰："讀若威。"王筠《釋例》云："君聲,讀若威。案:《易·革卦·上六·象傳》,蔚與君爲韻,蔚即威之去聲也。王莽之威斗,蓋即熨斗之異名……漢律'威姑',即《爾雅·釋親》之'君姑',字隨聲變耳。……'其文蔚也',《說文》引作'其文斐也'。《羹部》'羹,賦事也。'謂分之事也,故從八。八者,頒之入聲,故'讀若頒',頒字從分,古真文元寒山先同部,而又云'一曰讀如非'者,分非雙聲,《周禮》'匪頒'即'分頒'也。斐與君韻,與蔚同例。"以此知"君"音之字與蔚、斐皆爲韻,莙之音讀得與斐近之。

莙蓬者,即羅馬語 Beta 之對音也（Beta 爲羅馬語說,De Candolle《農藝植物考源》）。Beta 原產歐洲南部,不知何時輸入中國？《名醫別錄》有忝菜而無莙蓬之名。然莙蓬之名是 Beta 之譯音,音讀甚古,其始入中國之年代,當不晚於漢世矣。

植物中文名索引

蓼	56	麻黃	8
林檎	167	麻柳	257
陵藁	112	麻竹	161
陵澤	112	馬鞭草	71
柳葉菜	143	馬檳榔	300
龍膽	37	馬齒莧	78
龍葵	212	馬兜零	129
龍牙草	297	馬兜鈴	129
龍珠	212	馬棘	149
耬斗菜	148	馬金南	300
漏蘆	70	馬金囊	300
盧橘	158	馬連	261
蘆	331	馬楝子	63
蘆萉	329	馬藺	63,261
蘆菔	329	馬藺子	63
蘆葦	331	馬鈴薯	133
鹿蹄草	8	馬蹄	270
欒荊	282	馬莧	78
蘿蔔	329	馬辛	309
落葵	159	買子木	192
藺茹	93	麥	308
		麥冬	319
M		麥句薑	202
麻	186	麥門冬	319

植物學名(拉丁名)索引

植物名稱對照表

　　説明:《植物名釋札記》一書成書較早,書中不少植物拉丁學名已經修訂,又有部分中文名與現行中文名有所差別,不便于讀者閱讀,現根據書中出現的情況,編制爲如下三張對照表,以方便讀者查閱。

表一　植物新舊名對照表

本書使用中文名	本書使用拉丁名	現通行中文名	現使用拉丁名
槭樹	*Acer mono* Maxim.	五角楓	*Acer pictum* subsp. *mono*（Maxim.）H. Ohashi
蘆薈	*Aloe vera* L. var. *chinensis*（Haw.）Berger	蘆薈	*Aloe vera*
蜀葵	*Althaea rosea*（L.）Cav.	蜀葵	*Alcea rosea* L.
老槍穀	*Amaranthus caudatus* L.	尾穗莧	*Amaranthus caudatus* L.
莜麥	*Avena nuda* L.	蓧麥	*Avena chinensis*（Fisch. ex Roem. et Schult.）Metzg.
落葵	*Basella rubra* L.	落葵	*Basella alba* L.
側柏	*Biota orientalis*（L.）Endl.	側柏	*Platycladus orientalis*（L.）Franco
邪蒿	*Carum carvi* L.	葛縷子	*Carum carvi* L.
望江南	*Cassia occidentalis* L.	望江南	*Senna occidentalis*（Linnaeus）Link
刺薊	*Cephalanoplos segetum*（Bge.）Kitam.	刺兒菜	*Cirsium arvense* var. *integrifolium* C. Wimm. et Grabowski
菜瓜	*Cucumis melo* L. var. *conomon*（Thunb.）Makino	菜瓜	*Cucumis melo* subsp. *agrestis*（Naudin）Pangalo

本書使用中文名	本書使用拉丁名	現通行中文名	現使用拉丁名
柘	*Cudrania tricuspidata*（Carr.）Bur.	柘	*Maclura tricuspidata* Carriere
甘菊	*Dendranthema indicum*（L.）Des Moul.	甘菊	*Chrysanthemum indicum* Linnaeus
菊花	*Dendranthema morifolium*（Ramat.）Tzvel.	菊花	*Chrysanthemum × morifolium*（Ramat.）Hemsl.
舞草	*Desmodium gyrans*（L.）DC.	舞草	*Codariocalyx motorius*（Houtt.）Ohashi
東風菜	*Doellingeria scaber*（Thunb.）Nees.	東風菜	*Aster scaber* Thunb.
藊豆	*Dolichos lablad* L.	扁豆	*Lablab purpureus*（Linn.）Sweet
茅膏菜	*Drosera peltata* Sm. var. *multisepala* Y. Z. Ruan	茅膏菜	*Drosera peltata* Smith
荸薺	*Eleocharis tuberosa*（Roxb.）Roem. et Schult.	荸薺	*Eleocharis dulcis*（N. L. Burman）Trinius ex Henschel
雲葉	*Euptelea pleiospermum* Hook. f. et Thoms.	領春木	*Euptelea pleiospermum* Hook. f. et Thoms.
雞頭	*Euryale ferox* Salisb.	芡實	*Euryale ferox* Salisb.
鬼饅頭	*Ficus pumila* L.	薜荔	*Ficus pumila* L.
苦櫪樹	*Fraxinus bungeana* DC.	小葉梣	*Fraxinus bungeana* DC.
三七草	*Gynura segetum*（Lour.）Merr.	菊三七	*Gynura japonica*（Thunb.）Juel.
黃蜀葵	*Hibiscus manihot* L.	黃蜀葵	*Abelmoschus manihot*（L.）Medicus
白蘋	*Hydrocharis dubia*（Bl.）Backer	水鱉	*Hydrocharis dubia*（Bl.）Backer
馬藺	*Iris ensata* Thunb.	玉蟬花	*Iris ensata* Thunb.
莖皮	*Jasminum giraldii* Diels	探春花	*Chrysojasminum floridum*（Bunge）Banfi

本書使用中文名	本書使用拉丁名	現通行中文名	現使用拉丁名
掃帚菜	*Kochia scoparia*（L.）Schrad.	地膚	*Kochia scoparia*（L.）Schrad.
黃瓜菜	*Lapsana apogonoides* Maxim.	稻槎菜	*Lapsanastrum apogonoides*（Maximowicz）Pak & K. Bremer
絲瓜	*Luffa cylindrica*（L.）Roem.	絲瓜	*Luffa aegyptiaca* Miller
甘蕉	*Musa sapientum* L.	大蕉	*Musa × paradisiaca*
三七	*Panax pseudoginseng* Wall.	假人參	*Panax pseudoginseng* Wall.
重樓	*Paris polyphylla* Sm.	七葉一枝花	*Paris polyphylla* Smith
敗醬	*Patrinia villosa* Juss.	攀倒甑	*Patrinia villosa* Juss.
石南	*Photinia serrulata* Lindl.	石楠	*Photinia serrulata* Lindl.
蘆葦	*Phragmites communis* Trin.	蘆葦	*Phragmites australis*（Cav.）Trin. ex Steud.
酸漿	*Physalis alkekengi* var. *franchetii*（Mast.）Makino	酸漿	*Alkekengi officinarum* var. *francheti*（Mast.）Makino
梅	*Prunus mume* Sieb. et Zucc.	梅	*Armeniaca mume* Sieb.
金錢松	*Pseudolarix kaempferi* Gord.	金錢松	*Pseudolarix amabilis*（J. Nelson）Rehder
杜梨	*Pyrus betulaefolia* Bge.	杜梨	*Pyrus betulifolia* Bge.
柞木（山毛櫸科）	*Quercus variabilis* Bl.	栓皮櫟	*Quercus variabilis* Bl.
金背枇杷	*Rhododendron clementinae* ssp. *aureodorsale* Fang	金背杜鵑	*Rhododendron clementinae* ssp. *aureodorsale* Fang
鵝觀草	*Roegneria kamoji* Ohwi	柯孟披鹼草	*Elymus kamoji*（Ohwi）S. L. Chen
爵牀	*Rostellularia procumbens*（L.）Nees	爵牀	*Justicia procumbens* L.
檜	*Sabina chinensis*（L.）Antoine	圓柏	*Juniperus chinensis* L.
北五味子	*Schisandra chinensis* Baill.	五味子	*Schisandra chinensis* Baill.
費菜	*Sedum aizoon* L.	費菜	*Phedimus aizoon*（Linn.）'t Hart

續表

本書使用中文名	本書使用拉丁名	現通行中文名	現使用拉丁名
麻竹	*Sinocalamus latiflorus*（Munro）Mc. Clure	麻竹	*Dendrocalamus latiflorus* Munro
苦菜	*Sonchus arvensis* L.	苣蕒菜	*Sonchus wightianus* DC.
狼牙刺	*Sophora viciifolia* Hance	白刺花	*Sophora davidii*（Franch.）Skeels
高粱	*Sorghum vulgare* Pers.	高粱	*Sorghum bicolor*（L.）Moench
地椒	*Thymus mongolicus* Ronn.	百里香	*Thymus mongolicus* Ronn.
豇豆	*Vigna sinensis*（L.）Savi	豇豆	*Vigna unguiculata*（Linn.）Walp.
蒼耳	*Xanthium sibiricum* Patrin.	蒼耳	*Xanthium strumarium* L.
柞木（大風子科）	*Xylosma japonicum*（Walp.）A. Gray	柞木	*Xylosma racemosum*（Sieb. et Zucc.）Miq.
竹葉椒	*Zanthoxylum planispinum* Sieb. et Zucc.	竹葉花椒	*Zanthoxylum armatum* DC.
茭白	*Zizania caduciflora*（Turcz. et Trim.）Hand. -Mazz.	茭白	*Zizania latifolia*（Griseb.）Stapf

表二　新舊科屬名對照表

本書使用科屬中文名	本書使用科屬拉丁名	現通行科屬中文名	現使用科屬拉丁名
白花菜科	Capparidaceae	山柑科	Capparaceae
菊科	Compositae	菊科	Asteraceae
雲葉科	Eupteleaceae	領春木科	Eupteleaceae
山毛櫸科	Fagaceae	殼斗科	Fagaceae
唇形科	Labiatae	唇形科	Lamiaceae
柳葉菜科	Oenotheraceae	柳葉菜科	Onagraceae
紫菫科	Fumariaceae	荷包牡丹亞科	*Fumarioideae*（DC.）Endlicher
雲葉屬	*Euptelea* Sieb. et Zucc.	領春木屬	*Euptelea* Sieb. et Zucc.
爵牀屬	*Justicia* L.	爵牀屬	*Rostellularia* Reichenb.

表三　書内中文名、拉丁名對應表

　　說明:書中使用中文名與拉丁名存在一種特殊的情況,即書中的中文名與拉丁名指同一種植物,而現在通行者則以書中出現的中文名與拉丁名分指同屬的兩種植物,這或許是由於夏緯瑛先生持有不同於一般的植物分類的見解,現在編製此表,以幫助讀者區分。

本書使用中文名	本書使用拉丁名	本書使用拉丁名所對應現通行中文名	修訂後的拉丁名	本書使用中文名所對應現使用拉丁名
苦蕒菜	*Ixeris denticulata* (Houtt.) Stebb.	黄瓜假遠陽參	*Crepidiastrum denticulatum* (Houttuyn) Pak & Kawano	*Ixeris polycephala* Cass.
冬葵	*Malva verticillata* L.	野葵	/	*Malva verticillata* var. *crispa* Linnaeus
前胡	*Peucedanum decursivum* Maxim.	紫花前胡	*Angelica decursiva* (Miquel) Franchet & Savatier	*Peucedanum praeruptorum* Dunn
鹿蹄草	*Pyrola rotundifolia* L. ssp. *chinensis* H. Andres	圓葉鹿蹄草	*Pyrola rotundifolia* L.	*Pyrola calliantha* H. Andr.
荆芥	*Schizonepeta tenuifolia* (Benth.) Breq.	裂葉荆芥	*Nepeta tenuifolia* Bentham	*Nepeta cataria* L.
竊衣	*Torilis japonica* (Houtt.) DC.	小竊衣	/	*Torilis scabra* (Thunb.) DC.

本書植物中文名取義歸類表

本歸類系對本書植物中文名之歸類,而非植物學分類。本歸類旨在總結先民對植物起名的特點,比如因植物葉子的外形起名、因藥性和所醫病症起名、因植物産地起名等等。歸類“植物相關部位”或“以……起名”,下列符合此條件的植物名稱。對於不止一種起名因素者,則分見。比如“薜荔”分見於“氣味”和“外形”。其中在“以植物的‘貌’起名”之下特别分别列出静態和動態,後者表達出“進行時”的狀況,如“合歡”“結縷草”等。不宜歸類或孤例者則納於“其他”,以免遺漏。這項工作難免粗疏,然或不乏意義。蓋通過對我們先民認識自然方式的梳理歸納,有助於理解我們先民及其傳統文化。

起名相關的植物部位

根(根莖)	地黄,大黄,人參,人蔆,沙參,白參,紫菀,白薇,白微,白前,白龍鬚,徐長卿,石下長卿,龍膽,鵝膽子,當歸,漏蘆,茹藘,草石蠶,藺茹,離婁,藜蘆,半夏,白及,黄連,甘遂,甘藁,陵藁,陵澤,重澤,牡丹,獨行根,馬鈴薯,荃皮,全皮,爨皮,柴胡,前胡,馬藺,馬連,荔,玄參,地栗,馬蹄,烏鴟,紫草,紫金牛,麥門冬,麥冬,百部,蘆菔,大根,蘿蔔,萊菔,蘆葩,葴菜,甘露子

續表

莖	石斛,石蓯,石竹,蕁麻,蘮麻,爇麻,蘆麻,蠍子草,赤箭,續隨子,牡荆,桔梗,扯根菜,白屈菜,夾竹桃,結縷草,鼓箏草,芋,麻柳,甘蔗,甘藷,蒠蘿,松蘿,藤蘿,通脱木,百合
葉(苗、草、菜)	楓,石斛,石蓯,石竹,蕁麻,蘮麻,爇麻,蘆麻,蠍子草,及己,麃耳細辛,獐耳細辛,合歡,合昏,夜合,菖蒲,厚合,厚瓣,藿香,薄荷,菝萳,芨菇,芨苦,襄荷,蘁實,荔實,馬藺子,馬藺,馬棟子,草荔,淫羊藿,金背枇杷,續隨子,山毛櫸,合萌,合明草,鴨跖草,鼻斫草,碧竹子,竹葉菜,淡竹葉,茅膏菜,澤漆,牡桂,杠柳,雲葉,黄連樹,黄鸝茶,黄連茶,白屈菜,柳葉菜,費菜,雞眼草,掐不齊,虞美人,舞草,御米花,地構葉,地溝葉,落葵,小桃紅,夾竹桃,葱,芋,蒿,蘩,皤蒿,瞿麥,巨句麥,麥句薑,蘧麥,麥麴,莧葵,秋牡丹,桃,杏,茖菜,荇菜,香薷,香茱,翹摇車,巢菜,藕車,棄車,艺輿,茄子,五茄,松、柏,檜,五粒松,樅,杉,樲,黏,杆,青杆,灰杆,紅杆,金錢松,杆松,莎草,莎隨,地毛,車前,車古菜,牛舌草,牛舌頭草,牛遺,錢葱,油葱,枇杷,荷,蕖,楊梅,鼠李,牛李,麥門冬,麥冬,遠志,葽繞,棘菀,小草,棘菀,細草,酸模,苦蕒菜
花	四照花,狼毒,麻黄,水鱉,水花,水白,馬鞭草,白頭翁,雞頭,續隨子,穀精草,戴星草,錦雞兒,㯸齒花,蔞斗菜,杜鵑花,睡蓮,紫雲英,月季花,四季花,菊,向日葵,小桃紅,鳳仙花,仙人花,萬連葉,鳥羽,鳳翼花,玉簪花,曼陀羅花,夾竹桃,密蒙花,蜜蒙花,丁香,笑靨花,曇花,無花果,蠟梅,九英,臘梅,狗纓,磬口,荷花,側金盞,蜀茶,百日紅,荼蘼,酴醾,黄瓜菜,晚香玉,金盞花,長春花,甘菊,花旦樹,荆球花
果(種實)	竊衣,玉皇李,柑,橙,棖,廣柑,黄甘,人莧,糠莧,柞木,馬兜鈴,馬兜零,杠柳,豇豆,蜂䕺,胡豆,佛豆,㹨牛兒苗,鬥牛兒

續表

	苗,山荊子,荊桃,盧橘,壁蝨胡麻,壁蝨脂麻,羊桃,五斂子,五稜子,陽桃,三廉,紅姑娘,龍葵,龍珠,風船葛,蕎,梢瓜,葫蘆,壺,壺盧,罌粟,罌子粟,米囊,囊子,楓楊,黃瓜,胡瓜,異翹,連翹,連苔,連草,蠶豆,佛豆,胡豆,梔子,支,芝,絲瓜,縑瓜,獼猴桃,胡桃,冬瓜,白冬瓜,白瓜,北瓜,白南瓜,薏苡,栗,楊梅,稷,粟,烏桕,馬檳榔,馬金囊,馬金南,文官果,文冠,文光,崖木瓜,郁李,爵李,柜柳,嵌寶楓,椵棗,麥,芒穀,鴨梨,鵝梨,秋子胡桃
皮	厚朴,厚皮,五味子,秦皮,青皮木,岑皮,小檗,黃檗,黃柏,栝,白果松,白骨松,白栝,樺木,絲綿樹,木綿

以植物的"貌"起名

外形 （靜態）、 紋理	楓,竊衣,四照花,人參,人薓,沙參,白參,石斛,石蓯,石竹,及己,麋耳細辛,獐耳細辛,菖蒲,厚合,厚瓣,赤箭,薊,蘱實,荔實,馬藺,馬藺子,馬楝子,草荔,薜荔,石蕊,太白花,馬鞭草,白頭翁,雞頭,馬齒莧,馬莧,石南,草石蠶,地榆,山毛櫸,穀精草,戴星草,鴨跖草,鼻斫草,碧竹子,竹葉菜,淡竹葉,白及,黃連,甘遂,甘膏,陵膏,陵澤,重澤,桔梗,牡桂,馬兜鈴,馬兜零,獨行根,馬鈴薯,杠柳,雲葉,豇豆,蹂藬,胡豆,佛豆,錦雞兒,檽齒花,白屈菜,千屈菜,柳葉菜,牻牛兒苗,鬥牛兒苗,耬斗菜,馬棘,狼牙,山荊子,荊桃,壁蝨胡麻,壁蝨脂麻,小桃紅,鳳仙花,仙人花,萬連葉,鳥羽,鳳翼花,玉簪花,夾竹桃,丁香,毛茛,毛建,毛堇,葱,羊桃,五斂子,五稜子,陽桃,三廉,蓬,九英,狗纓,荷花,龍葵,龍珠,側金盞,風船葛,芄蘭,蛇莓,虎豆,虎杖,茱萸,前胡,蜀荼,蕌子,蕎,蕎麥,晚香玉,秋牡丹,桃,杏,苫菜,苬菜,葫蘆,壺盧,壺,營實,金罌子,栗車,罌粟,罌子粟,米囊,囊子,茄子,

	五茄,檜,五粒松,樅,栝,白果松,白骨松,白桴,椏,棐,楓楊,牛舌草,牛舌頭草,牛遺,車前,車古菜,薔薇,馬藺,馬連,荔,金盞花,樺木,連翹,異翹,連苕,連草,錢蔥,地栗,油蔥,花旦樹,蠶豆,絲瓜,縑瓜,獼猴桃,甘蔗,甘藷,枇杷,蔦蘿,松蘿,藤蘿,薏苡,栗,楊梅,馬檳榔,馬金囊,馬金南,蒼耳,枲耳,文官果,温菘,文冠,文光,問荆,崖木瓜,柜柳,嵌寶楓,榠棗,鼠李,牛李,麥,芒穀,藤,柘,棘,浮萍,天門冬,滿冬,釁冬,麥門冬,麥冬,鴨梨,鵝梨,百部,百合
外形 (動態)	合歡,合昏,夜合,續隨子,合萌,合明草,虞美人,舞草,御米花,睡蓮,向日葵,結縷草,長春花
質地	牡荆,菫,荻,桐,泡桐,枏木,蔓荆,欒荆,女貞,烏桕,通脱木
粗、大	大麻,馬藺,馬藺子,馬棟子,芋,大菊,柴胡,蜀荼,蜀葵,戎葵,戎菽,蜀黍,葫蘆,壺盧,馬蹄,大豆,馬辛,大戟,蘆菔,大根,蘿蔔,萊菔,蘆葩,蘆萉,蘆,葦,甘露子
細、小	麻黃,白薇,白微,白前,白龍鬚,徐長卿,石下長卿,細麻,小檗,地榆,爵牀,馬棘,麻竹,司馬竹,私麻竹,沙麻竹,蘇麻竹,粗麻竹,菫,菫菫菜,少辛,小辛,麻,鼠麴草,莧葵,兔絲,前胡,梢瓜,翹搖車,苕,苕饒,巢菜,苕子,薇,杉,樕,黏,杆,青杆,灰杆,紅杆,金錢松,杆松,莎草,莎隨,地毛,車前,箭,錢蔥,女貞,稷,粟,郁李,爵李,鼠李,細辛,薺菜,遠志,蔞繞,棘蒬,小草,棘菀,細草,秋子胡桃

以植物的顏色起名

黑色	藺茹,離婁,藜蘆,盧橘,楝,玄參,烏鴉,巨勝
白色	四照花,沙參,白參,白薇,白微,白前,白龍鬚,白頭翁,白及,白屈菜,玉簪花,笑靨花,蒿,繁,蟠蒿,粉,蓇子,茭白,白冬瓜,白瓜,北瓜,白南瓜

續表

黃(金)色	麻黃,玉皇李,廣柑,黃甘,黃檗,黃柏,金背枇杷,黃連,錦雞兒,菊,金鳳花,蠟梅,臘梅,九英,狗纓,側金盞,茶蘼,醆釀,黃瓜菜,金罌子,黃瓜,金盞花,金錢松,胡瓜,荊球花,梔子,支,芝,鴨梨,鵝梨
紅色	赤箭,牡丹,豇豆,蔱薞,扯根菜,千屈菜,小桃紅,紅姑娘,龍葵,龍珠,茱萸,百日紅,天門冬,滿冬,虋冬
紫色	紫菀,紫雲英,柴胡,紫金牛
青色	秦皮,青皮木,岑皮
彩點、雜色	鳳仙花,仙人花,萬連葉,鳥羽,鳳翼花,曼陀羅花

以植物的分泌(物)起名

穀,乳香,藺茹,離婁,茅膏菜,地構葉,地溝葉,油葱,杜仲,絲綿樹,木綿,思仲,醍醐菜

以植物的生境起名

水(邊)	水鱉,水花,水白,蝦蟆衣
山、石	高河菜,石斛,石蓯,石竹,石下長卿,石蕊,太白花,石南,山毛櫸,三七,山漆,崖木瓜
樹、籬	扶芳藤,附楓藤,落葵,松蘿
田、地	地椒,穀精草,戴星草,鴨跖草,鼻斫草,碧竹子,竹葉菜,淡竹葉

以植物的(原)產地起名

原產地 (方向)	胡麻,菠菜,菠稜菜,頗陵,波斯草,西瓜,胡麻,壁蝨胡麻,壁蝨脂麻,海棠,海紅,海松,胡瓜,南瓜
產地	狼毒,鹿蹄草,當歸,礜口,秦椒,蜀椒,越瓜,甘菊,常山,互草,恒山,升麻,周麻,蜀漆,雅兒梨,沙雅爾梨

以植物的"時"起名

生長週期	款冬,旋麥,旋花,夏至草,夏枯草,冬葵,東風菜
花期	杜鵑花,月季花,四季花,木槿,舜,橓,榔榆,姑榆,郎榆,曇花,百日紅,晚香玉,秋牡丹
採集貯藏	半夏,冬瓜,白冬瓜

以植物的材質氣味起名

材質	油麥,榗,柴
味道	五味子,龍膽,鴉膽子,蓼,辛菜,荊芥,薑芥,苦櫪樹,苦樹,酢漿草,酸漿,黃連樹,黃鸝茶,黃連茶,秦椒,甘蔗,甘藷,楊梅,細辛,少辛,小辛,馬辛,芥菜,酸模,苦蕒菜
氣味	檺,虎目樹,木蘭,樟,菖蒲,橙,根,藿香,薄荷,菝葍,芨蒢,芨苦,薜荔,茝,芷,菌桂,蕙,胡繩,地椒,鬱臭苗,莖皮,全皮,爨皮,丁香,敗醬,香薷,香菜,藕車,艿輿,連翹,連苕,連草

以喜食的動物起名

眼子菜,鳬葵,鼺子菜,鵝觀草

以植物的類從起名

木蘭,紫雲英,海棠,山茱萸,蕎麥,楓楊,雞桑,鬼桃

以植物的用途起名

染料		地黃,大黃,柞木,紅藍,黃藍,紫草
醫藥	療效	牛扁,扁特,扁毒,望江南,決明,草決明,賣子木,買子木,艾
	毒藥	狼毒,羊躑躅,蕁麻,蕀麻,燉麻,蘁麻,蠍子草,醉魚草,菫,芨,毛茛,毛建,毛堇,大戟

續表

	對症	邪蒿,續斷,天麻,萆薢,淫羊藿,漏蘆,茹蘆,莧菜,馬齒莧,馬莧,溲疏,蚤休,爵牀,費菜,密蒙花,蜜蒙花,黃蒢,蛇含,蛇全,蛇衘,蛇莓,龍牙菜,清風藤
	醫家	使君子
	某藥	澤漆,三七,山漆,蜀漆,豬毛七,長蟲七,佛手七
工具		柞木,鑿子木
用具		地膚,地帚,芨芨草,南蛇藤,莎草,莎隨
蠟		苦櫪樹,苦樹
纖維		麻柳,芭蕉
洗滌		灰滌菜,灰條菜,灰菜
食品		豌豆
菹		蘘荷,酸漿,寒漿,紅姑娘,青蘘,青葙,赤蘘荷,白蘘荷,蕺菜
酒		瞿麥,巨句麥,大菊,麥句薑,蘧麥,麥麴,鼠麴草,鵽麥,牟

相關的語言、語音、用詞等

發語詞	牡丹,無姑,毋杶,牡荊,牡桂,蔓荊,欒荊,母杶,無杶,蕪菁,蔓菁,烏桕
示天然義	天:天麻,天門冬 地:地膚,地帚,地構葉,地溝葉 土(杜):杜仲
示區別義	龍:龍膽,馬藺,馬連 虎:虎榛子 鴉:鴉膽子,鴉葱,老鴉蒜 牛:牛李 山:山茱萸

隱喻(語)	當歸,文無,蘼蕪,望江南,紫金牛
別寫音轉	舜芒穀,色樹,莜麥,巨勝
方言	高河菜,吉貝
外來語	檀香,旃檀,真檀,胡豆,佛豆,林檎,黑禽,來禽,文林郎果,榅桲,曼陀羅花,風船葛,豍豆
温(表似是而非義)	温菘,文官果,文冠,文光,問荆

其他

苔,鼓箏草,紫堇,來,荔枝,思仙,稻

重版後記

"循名而督實,按實而定名。名實相生,反相爲情。"夏緯瑛將《管子·九守》的這段文字,抄錄在其《植物名義初稿》其中一册的扉頁上,其時一九三五年十月。

先祖父夏緯瑛(一八九六——一九八七),字修五,河北柏鄉人。一九一六年入職國立北京農業專門學校(今中國農業大學前身),一九二九年被"借調"協助劉慎諤先生籌建北平研究院植物學研究所,其後一直在該所(一九五○年與静生生物調查所合併組建爲中國科學院植物研究所)從事植物分類學研究(其間兼任河南大學和西北農學院教授),先後發表了 *Two New Carpinus from Szechuan*(《四川鵝耳櫪兩新種》)、*A New Species of Chinese Pine*(《中國一松樹新種》)等論文。一九六○年調入中國科學院自然科學史研究所,專事生物學史和農學史研究,特別是中國古代科學史料的整理釋義工作,著有《吕氏春秋上農等四篇校釋》《管子地員篇校釋》《〈周禮〉書中有關農業條文的解釋》《夏小正經文校釋》、《〈詩經〉中有關農事章句的解釋》等。

從一九一六年夏緯瑛與植物結緣,其從事植物學相關研究長達七十餘年。在這漫長的學術生涯的前半期，其研究工作主要是從事植物分類研究。到了後半期，則重在生物學史、農學史研究。而自上世紀三十年代至五十年代，則是其學術重心轉移階段，或曰學術研究的過渡期。這一學術研究的過渡期具有鮮明的時代特點，也與其植物研究任務——藥用植物研究的特性有極大的關係。所謂"時代特點"，就是指我國早期的植物學，特別是植物分類學研究是建立在包括植物標本採集在内的植物學調查的基礎上的。没有植物學調查，植物分類學即成"無源之水、無本之木"。夏緯瑛有着豐厚的植物學調查的經歷，這對他形成後來的獨特的科學史研究方式起到了非常關鍵的作用。呈現在讀者眼前的這部《植物名釋札記》，正是體現夏緯瑛在這一時期的學術研究特色的重要著作。了解《植物名釋札記》一書的"書裏書外"，對於了解夏緯瑛及其獨具特色的學術研究方式，會有不小的幫助。

一、早年植物調查

在《植物名釋札記·序》中，夏緯瑛寫道，一九一六年"與植物結下不解之緣"。那段時間，在"北農"生物系做過系主任的就有錢崇澍、黄以仁、蔡邦華、費鴻年、經利彬等教授。他們精深的生物學造詣對夏緯瑛打下堅實的生物學學術根基和後來研究植物分類學無疑助益良多。早期植物學在中國，植物調查和標本採集是植物學特別是植物分類學教研的重要基礎工作。夏緯瑛在上世紀二十年代的植物調查,除了更早的在北京西山的植物標本採集行動外,重要的有一九二七年及一九二九年,他和唐進先生一起分別在浙江天目山和山西北部進行的植物標本採集行動。他回憶:"自一九三〇年以後,做過多次植物調查旅行,到過華北的山區(百花山、東靈山、小五臺、霧靈山等),內蒙區(呼和浩特、包頭、河套、鄂爾多斯),陝北、寧夏、秦嶺,以及甘肅的隴南、隴東、河西等地。因(兼職)河南大學到過豫西山區。"據北平研究院植物學研究所資料記載,夏緯瑛當時的植物調查情況:

> 1930年6月赴北戴河,采得標本百餘號;
>
> 1931年夏,與白蔭元赴內蒙古經綏遠、包頭大青山、西公旗烏拉山、五原、杭錦旗,采得標本600餘號;
>
> 1933年5—10月,與白蔭元由陝北榆林,轉赴蒙古、寧夏、甘肅採集,采得標本2000號。
>
> ……

在舊中國,去野外採集植物標本並進行植物調查,條件是非常艱苦的。有一次他在山西的一座山上採集植物,突遇大雨山洪爆發,被困山上斷糧數日,幸得山中寺觀出家人相助,以土豆充飢才得以生還。此外,還遇見過因軍閥割據,土匪橫行而導致的生命危機。一九三〇年,夏緯瑛和劉月波先生前往熱河做植物調查,出發當日即在北京昌平遭遇土匪，據他後來回憶，器材、現金、衣物全被搶走，二人僅存褲衩，後來輾轉告知研究所，北平研究院才派人帶去衣服將其接回。一九三五年，夏緯瑛在山西採集植物標本時又遇到劫匪，損失器材、衣物。

現家中存有一紙，屬日爲"五月十八日"，疑似是夏緯瑛爲一九三八年那次植物調查而向"第八戰區（省政府）"申請"護照"的草稿。資料中頗詳細記錄了當時的調查情況：

> 此次調查植物，由武功出發，先至蘭州，在蘭州附近及榆中所屬之興隆山，爲較長時之調查，後即赴天水，在天水之東南辛家山、利橋、高橋一帶，工作月餘；再經徽縣、成縣、康縣一帶，以至武都，所經多取小徑及深山樹木繁茂之處，由武都沿白龍江至西固，再由西固入深山，至茶岡嶺。茶岡嶺爲黑番作居之地，森林廣大，植物繁多，工作十數日，始返西固，由西固經宕昌至岷縣。岷縣赴卓尼，入喇力溝，大子多、卓尼至陷潭，經平陸山、蓮花山，以至臨洮，經洮沙而回蘭州，再回武功。此經過路綫之大概也。

豐富的植物調查經歷對夏緯瑛學術歷程有着重要意義。

二、植物固有名稱解釋

夏緯瑛在《植物名釋札記·序》中寫道："從二十年代起，我曾在全國許多地方進行過植物調查工作。在長期的調查中,我感到我國有很多植物的固有名稱情況比較複雜,使我常常産生一些疑問。例如某種植物爲什麼被稱這個名稱而不叫那個名稱;爲什麼有的植物有幾個甚至十幾個名稱,這些不同的名稱又有着什麼關聯;爲什麼不僅有同物異名而且有同名異物的情況等。在思索這些問題的過程中,我逐漸地萌發了整理和解釋我國固有植物名稱的想法,並且開始留心搜集這些問題的有關資料。"

　　導致他啓動這方面的研究還有一個原因,那就是上世紀三十年代北平研究院植物學研究所分配他去研究中國的藥用植物,而我國中藥的使用狀況是極其複雜而混亂的。因家曾祖父是鄉村郎中,家中至今還藏有他所用過的一些醫書,故而夏緯瑛從小就對中醫中藥有接觸。我曾經聽祖父説過:在中國有一些中藥市場,因市場所在地域的不同,進藥的渠道(也即"藥路")也不同,其中有些植物藥材根本就不是一種植物,甚至有的植物都是不同的科屬(如三七,既有五加科也有菊科的)。各地中醫或許會根據當地慣用某市場的藥材開具藥方醫治疾病。有的中醫還自己采藥醫治病人,如其在《植物名釋札記・蜀漆》提及:"現今在川、陝地區,有一種醫生自採藥草,爲人治病,俗稱之爲'草藥醫生'。這些草藥醫生所用的藥草,與普通的藥不同,凡是藥草之名都用'七'字,稱之曰某七某七,如'猪毛七'、'長蟲七'、'佛手七'之類,不一而足。這一'七'字,亦當是'齊'之借字,某七某七者,即某齊某齊,亦即某藥某藥之義"("齊"即一劑藥的"劑")。中藥之複雜,由此可見一斑。

夏緯瑛在《植物名釋札記·序》中繼續寫道:"我發現我國歷史悠久,地域遼闊,有的植物因其產地來源不一而其名稱也不盡相同;有的植物名稱與該種植物在農業、醫藥等方面的使用狀況有關;有的植物名稱十分古老,有的名稱隨着時地變遷而發生演變,再加之若干方言俗語,名目繁多。"

調查清楚藥用植物難,進而要想弄清衆多中藥的治病有效成分更是難上加難。

據胡宗剛先生《北平研究院植物學研究所史略(一九二九——一九四九)》載:夏緯瑛藥用植物的研究所需必要的植物調查因爲戰亂和經費等因難以順利開展,而"因無力外出調查,始於室內披閱中國古書,爲調查做一準備。但中國古書植物名字至爲紛亂,除有植物學知識外,又非借助於文字學之力,無法整理。夏緯瑛因又涉及文字之學,亦可用治生物學之眼光以研究之,以形與形之關係爲本,證以聲與義之關係爲旁證,如植物學中之比較形態學,動物學中之比較解剖學者然"。爲開展查詢古書資料的工作,他"還將自己薪金之一部分用於專請一人查書抄寫"。

那麼,夏緯瑛是何時開始着手這一植物名稱的解釋工作的呢?

近日發現夏緯瑛用毛筆小楷書寫的七本《植物名

義初稿》（內有一本没有題名，一本題《植物名義》）書稿，其中有四本書稿末尾處注明寫就時間，即從一九三四年一月至一九五四年十二月。而第七本中夾有一張一九五八年五月七日的日曆頁，估計此“初稿”寫作持續到一九五八年。他在其中一册完末處，寫道：“此册共四十八名，別名不計。隨見隨錄，後當整理依次編訂，一九三四年一月十日緯瑛誌（印章）。”估算這些“初稿”的寫作早於一九三四年一月，止於一九五八年，至少持續了二十四年。而爲植物名稱解釋工作的資料收集、部分構思應當遠早於那册書稿的完成時間——一九三四年一月。

夏緯瑛何時開始對“初稿”進行“整理依次編訂”，不得而知。或許啓動於二十世紀五十年代末六十年代初。他每寫就一篇文稿隨即將其題目接續列於目錄頁上，共計三百三十九篇。從所見原始稿件看，稿件是書寫在稿紙上的，最初字迹工整，每字入格。但後來書寫稿文的字體逐漸變大，不僅字不能寫入稿紙格内且字行也無法保持平直。這是因爲他患有眼疾，視野目力日漸衰退的緣故。由此觀之，整個“整理依次編訂”工作延續許多年。此項工作因“文革”戛然而止，也即其《序》說的“‘十年動亂’抄家時，這個書稿幾乎散失，幸得我所同事撿回，才得以保存下來”。這部書稿的最後一篇“菩蓬”仍然保留未完成狀態，文字只是對傳統説法提出異議，但未及提出著者自己的觀點。此稿係整理稿，也即夏緯瑛所説"在我對某一個植物名稱的解釋考慮得較爲成熟後，即將其筆錄下來，這樣日積月累，至'文革'前夕，已寫了三百餘種植物名稱的解釋。"而"筆錄下來"的基礎是至遲始於一九三四年的《植物名義初稿》。

　　一九六九年，夏緯瑛因年邁、體弱、目衰不能去河南"五七"幹校鍛煉，但按照規定也不能留京而赴青海西寧家父處。一九七二年，他已經完全失明，又因採用輸血法治療嚴重貧血而感染乙型肝炎，終獲准回京治療。當時家人之中只有我在北京，故我搬來照顧他。在病情穩定後，祖父囑我協助其工作，最初我更多的是充當他的"眼睛"，經過邊幹邊學逐漸適應他那樣的工作形式和節奏。如此工作持續而緩慢地進行着，陸續完成《〈周禮〉書中有關農業條文的解釋》、《夏小正經文校釋》和《〈詩經〉中有關農事章句的解釋》三部書稿並順利出版。之後即開始整理這部植物名稱解釋的書稿。

　　整理工作大致是，對各個條目中引用的古書文字和植物拉丁學名進行核對，逐條修改，如對重複撰寫的條目合併或作取捨（也可見非一時之作）。由於祖父年逾九十，精力有所未逮，除了"茖葱"稿没有完成外，有些地方也不及作細緻的調整，如他在有的稿件中注有條目次序的文字也未及做相應的安排，都是以寫作時間順序排次目錄的。書稿交與農業出版社時定名爲"中國固有植物名稱的解釋"。之所以取此名，或是因爲夏緯瑛有將此書歸入其"解釋"系列（即《〈周禮〉書中有關農

業條文的解釋》《〈詩經〉中有關農事章句的解釋》等）
的想法，亦未可知。成書後共計三百零八種植物條目
（實則正式解釋三百一十七種植物名稱）。當初他是曾
設想寫就五百種植物名稱而結爲一集的。後農業出版
社因此書名過“大”而改爲今名。書出版時，已是夏緯
瑛去世後的一九九〇年，這也是至今呈現於世他的唯一
解釋植物名稱的成品。《植物名釋札記》與上文提及的
《植物名義初稿》相較，“初稿”中尚有一百八九十種植
物名稱的解釋沒有整理出來，甚憾！

　　植物名稱之問始於植物調查，夏緯瑛解釋植物名稱
的最鮮明的特點，就是在現代植物科學爲指導下進行的
植物調查爲基礎。他在《植物名義初稿》本扉頁寫的那
句話，或即爲其考察植物名實的路徑與方法。在夏緯瑛
的植物科學實踐中正好有過這樣的經歷：一九三一年夏
緯瑛著有《北平國立天然博物院植物園栽培及野生植
物名録》，其文將 Lagopsis supina (Steph.) Ik.-Gal. 定漢
名爲“夏至草”，其緣自該植物於“夏至節氣前後就枯死
了，因而它也有‘夏枯草’的俗名。可是夏枯草一名，已
用在另一種植物上了，就擬了‘夏至草’這個名稱，意思
暗示它是到夏至而枯死的草（《植物名釋札記·夏至
草》）”。此名一直沿用至今。

　　夏緯瑛解釋植物名稱多是先列相關的植物學名，再
陳我國古籍記載。也有先列古書記載，再根據記載推測
爲今名何種植物。此即《管子》所言之“循名而督實”，

只不過他是以"治生物學之眼光以研究之"。其"督實"（即考察該植物實際情況），常常提及他植物調查經歷中的見聞和成果。這在《植物名釋札記》不少見，下舉"初稿"三例。"必栗香"條：

> 按胡桃植物，常有醉魚之功，陝甘交界之辛家山一帶，有以野胡桃之葉置水中而捕魚者。

其中提到的"辛家山"就是在前面提及的在一九三八年甘肅植物調查路綫上的一个地名。"橿子木"條：

> 今陝西秦嶺山區及河南西部之山區，皆有木稱爲"橿子木"者，巴氏櫟（*Quercus saronii* Skan.）也。其木堅强，爲燒木炭之良材（俗以橿子木所燒之木炭，爲最良之木炭），但其樹幹亦挺直，課成森林，亦常用其小樹之幹爲農具之柄者。

"天麻"條：

> 瑛在秦嶺一帶問過採藥人，他們都説："根爲天麻，苗是赤箭。"這該是對的。

固有名稱，即在歷史長河之中產生、流傳乃至變化的名詞。考察解釋它勢必以小學之法。所謂小學，也即因漢字所涉及的音、形、義，而形成的三個方面的學問：從字形入手研究者爲"文字學"，從字音入手研究者爲"音韻學"，從字義入手研究者爲"訓詁學"，而訓詁學也要涉及音韻學和文字學的知識。故章太炎稱"三者兼明，庶

得謂之通小學耳"。夏緯瑛解釋植物固有名稱也必依
賴於"小學"。如在《植物名釋札記》中解釋"柞木"係
以字形入手,而"初稿"釋"菁蓬"引王筠以聲訓菁的
論述。

至於植物固有名稱是否有其自身特點或是有其規
律可循呢? 夏緯瑛没有直接回答。不過他在《植物名
釋札記·錢葱》引翁輝東《潮汕方言》:"蓋凡物得名,孰
不因其形狀、産地、名釋?"似乎是贊成翁氏看法。

除此之外,他還重視植物固有名稱的類從現象,在
本書"山茱萸"條説:

> 凡植物名稱之以類相從者,或認爲彼此確爲一
> 類,或亦只因其外形相似,或因其用途相仿,三者必
> 居其一。

而有關植物固有名稱的形容詞用法,他在"地黄"條
中説:

> "地"與"天"在植物名稱上,常用爲野生之義。
> "地"者,野地之謂。"天"者,謂其天然自生。"地
> 黄"之義,當謂其爲野地所生之黄色染料。

他還注意到在名稱中的無意義發語詞,如其在"麻竹"
條中説:

> 動、植物名稱,於本名名詞之前,或嘗附有發語
> 詞者,如動物之螽而曰"斯螽",植物之杶而曰"母

杶”。此曰“司馬竹”當即“馬竹”，“私麻竹”當即“麻竹”，而“馬竹”與“麻竹”又爲一物。

植物固有名稱的解釋，舊日屬於名物考證範疇。古人向以具體物類考據爲難，學者多爲之却步。夏緯瑛也説：“對於這些名稱的解釋。不僅需要植物學、農學、醫藥學等方面的知識，而且還涉及到文字、音韻、方言、古文獻等諸多方面知識。”他解釋植物名稱與傳統方法考證者有所不同，是以自然科學家的眼光看待定位“名物”，以小學之法論證其源流。這也是他整理科技古籍的方法。這種方法可謂是一種對傳統小學的“另闢蹊徑”，故而也取得了一些成績，如夏緯瑛對《管子·地員篇》“凡草土之道，各有穀造。或高或下，各有草土。……凡彼草物，有十二衰，各有所歸”的解釋，並繪製出地勢高下與從茅到葉十二種植物分布狀況的示意圖，不僅解釋通了這段費解古文，也揭示出先秦人們所達到的地植物學認知水準。有人歸納其之所以取得成就的部分原因是“深厚的植物學知識和長期野外工作的經驗”。此或即傳統考據所缺乏的“蹊徑”。

誠然，百密一疏。作爲以自然科學視角考據名物的先行者之一，其觀點難免存在不足甚至錯誤。這也是問題複雜性所決定的。試想，某一個植物的名稱，它的取名或來自於該植物某部位的形狀、顏色，或來自於該植物所生環境、原産地，或來自於它的醫藥食品手工業等方面的用途；它和該植物其他名稱的關係如何，或許它還與其他植物同名；它出現時空（歷史階段、不同地域）及其變化如何，所發字音是方言還是雅言抑或是譯音——凡此種種，絕非僅傳統訓詁學所能盡解的，這方面真正的學術突破一定需要多學科的相互合作。

對我國植物固有名稱進行科學的解釋工作還有很長的路要走，"我國植物資源豐富，而且我們所做的植物調查工作還很不够，要大力加强這方面的工作。在調查中應首先側重於經濟植物，因爲它們與農林、醫藥等方面的生產有直接關係；應注意植物生態，即植物與其環境的關係；應特別注重植物的地方名稱的調查，這是十分重要的"——夏緯瑛對其後來者如是説。

夏經林　謹識

二〇二二年二月十二日